书籍设计

Book Design

NEW -
POWER

"十三五"普通高等教育规划教材
设计新动力丛书
获得中国出版政府奖
装帧设计奖提名奖

四川师范大学资助出版

卢上尉 +
曾珊

著

西南师范大学出版社
国家一级出版社 全国百佳图书出版单位

Preface 序 Book Design

20 多年前，一套“21 世纪设计家丛书”曾经让设计师和未来的设计师对即将到来的新世纪充满期望。

岁月流转，当新世纪的曙光渐渐远去的时候，国内的设计师们高兴地感受到了时代的恩赐：20 多年来，社会主义市场经济已经基本完成了对设计的确认，日常生活表现出对设计的强旺需求，文化建设正在对设计注入新的活力，频繁的国际交流增强了中国设计的自信……随着各行各业对设计的投入越来越大，人们对设计和设计师的期望也越来越高。这一切，或许也是设计教育长存不衰的缘由。

确实，进入 21 世纪，中国的设计教育迎来自己前所未有的好时光。设计和设计教育的勃兴无疑对高速发展的中国社会提供了些许前所未有的新动力。这一点，随着时间的推移，还会进一步获得印证。随着设计概念的普及，越来越多的人懂得了设计在经济发展、社会进步、文化建设中的关键性作用；懂得了在现今这一历史阶段，离开了设计，几乎一切社会活动都将难以进行。无论是理性的、商业的，还是激情的、文化的，无论是学习西方的、先进的，还是弘扬民族的、传统的，无论是大型的、宏观的，还是小型的、私密的；无论是 2008 北京奥运会，还是 2010 上海世博会，只要是公开的、需要展现的，就不能缺少设计的参与。随着设计理念的深入人心，设计师们的艺术智慧和设计创意源源不断地流向社会，越来越多的人懂得了包装设计不只是梳妆打扮，装饰设计不等于涂脂抹粉，产品设计不仅仅变换样式，时尚设计不在于跟风卖萌，视觉设计已经不再满足于抢眼球，环境设计也开始反思一味地讲排场、求奢华的弊端，设计内涵的表达、功能的革新、样式的突破、情感的满足、文化的探索等一系列原本属于设计圈内的热门话题，现在都走出了象牙塔，渐为普通大众所关心、所熟知。

当然，在设计行业风光无限的同时，设计遭遇的尴尬也频频出现。一方面，设计在帮助人们获得商业成功的同时，也常常一不小心，成为狭隘的商业利益的推手。另一方面，设计教育在持续了十多个年头的超常规发展之后也疲态毕露，尤其表现在模式陈旧、课程老化、教材雷同、方法落伍、思维凝结等方面，甚至，在一定程度上游离于社会实践。

不仅如此，设计和设计教育的社会担当和角色定位还仍然处于矛盾和纠结之中。在国内，设计的社会作用和社会对设计的认可还远没有达到和谐一致，这使得我们的设计师往往需要付出比发达国家设计师多得多的代价，而他们的智慧和创意还常常难以获得应有的尊重。设计教育在为社会培养了大批优秀设计师的同时，还承担着引领社会大众的历史职责。诸如设计和生态环境、设计和能源消耗、设计和材质亲和，以及设计如何面对传统和时尚、面对历史和未来、面对可持续发展，所有这些意想不到的种种纠葛、矛盾，都会在第一时间挑战设计思维，也都会在整个过程中时时叩问着设计和设计教育的良心。

设计教育的先驱，包豪斯的创始人格鲁比斯认为，“设计师的职责是把生命注入标准化批量生产出来的产品中去。”设计师的职责是伟大的，设计教育的使命是崇高的，可面临的挑战也不言而喻。

工业革命以来，设计一直站在社会变革的最前沿，如果说，第一次工业革命给人类带来效率和质量的同时把人们束缚在机器上，第二次工业革命给人类带来财富和质量的同时把人们定格在工作上，第三次工业革命，以信息为主导的交互平台成功地将人类“绑架”在手机上，那么，设计在这三次工业革命中所起的作用是否值得我们反复思考呢?

对于初期的大机器生产来说，设计似乎无关紧要；对于自动化和高效率来说，设计的角色仅限于服务；而随着信息社会的临近，设计也逐渐登上产业进程的顶端。我们曾经很难认定设计是一种物质价值，可实际上设计缔造的物质价值无与伦比。我们试图把设计纳入下里巴人的实用美术以便与阳春白雪的纯艺术保持距离，可设计却以自身的艺术思维和创意实践不断缩短着两者的间距并且使两者都从中获益。

如果说，在过去的 20 多年中，设计的主要功能是帮助人们获得了商业成功。那么现在，毫无疑问，时代对设计提出了新的挑战。这就是，在商品大潮、市场法则、生活品质、物质享受、权力支配等各种利益冲突的纠葛中，如何通过设计来重新定位人的尊严和价值，如何思考灵魂的净化和道德的升华，如何重建人际间的健康交往，如何展现历史和地域的文化活力，如何拓展公众的视野，如何让社会变得更加多元和包容，如何感应人与自然的利益共享及可持续发展。这也是人们在今后相当长一段时间内对设计和设计教育的期望。

新的挑战也是我们的新动力。

本丛书就是在基于上述的思考过程中缓缓起步的。我们期望，丛书多多少少能够回应一些时代的质询，反思一些设计教育中的问题，促进一下学习方式的转变，确认一下设计带给社会的审美标高和价值取向，最重要的，是希望激发出人们的设计想象力和造物才华。

我们相信，在新一轮的社会发展过程中，设计的作用将越来越重要，设计教育的发展应该越来越健康。

一个政治昌明、经济发达、文化多元、社会公正的中国梦也必将对设计发出新的召唤——期待设计和设计教育作为社会进步的新动力尽快进入角色。

杨仁敏　四川美术学院 教授

Foreword 前言

书籍设计是一门比较有挑战性的课程，它体现了理性与感性的结合，平面与立体的重叠，时间与空间的交错，艺术与技术的融合。书籍设计是集集体智慧与个人劳动于一体的物化成果。人们对在文明传承过程中发挥过重要作用的书籍充满着热爱和尊崇之情。书籍的档次、规格、装订方式等都有各种标准。每一次社会的重大进步都会在书籍的形态上留下痕迹。所以书籍就是人类文明、进步的见证，其设计风格也体现着时代的特征。

“书籍设计”这个词或者说这个概念出现的时间并不长，最近几十年才出现，最近十几年才普及。以往我们将其称之为书籍装帧设计。当然这种称呼的转变蕴含着设计理念的发展和设计内涵的延伸。这种转变是设计界的前辈们审时度势，根据时代进步和行业发展的需求提出的。几十年间，为促成这一概念的转化设计界人士投入了大量的时间和精力，为的是激发出更多书籍设计师的创作灵感，以便更大程度地提高书籍设计的整体水平。这一概念的深入发展让人们改变了“书装只要一张漂亮的书皮，吸引住观众的眼球就可以了”的刻板观念。

本书以人们接触书籍设计、认识书籍设计到欣赏书籍设计的普遍认识规律为线索，将全书分为六个模块，分别为：叩问“书籍”，领会书“神”，打造书“形”，揣摩书“韵”，再闻书“香”，倾注书“魂”。其对应的内容为：对书籍设计概念的解读；对书籍设计二元构造的认识，对书籍结构的深刻认识；对书籍设计方法的把握；对书籍设计细节的欣赏；对书籍设计使命的认同。每一个篇章都比较独立，读者可以根据需要而进行选择性阅读。这种结构方便了专业学习的系统化要求，也考虑到了参考阅读的选择性需要。

由于本书篇幅有限，某些内容不能完全展开讨论，本书的写作目的是要引导读者建立起一个相对科学的学习方法，进行自主学习。信息时代获取知识的渠道更加多元化，正如本书所讲，数字出版将更大范围地取代传统纸质书籍。网络数据库要比纸质书有更大的检索优势，阅读习惯和阅读需求两极分化会更加严重。传统书籍和电子书将如何划分市场？书籍设计如何适应新时代发展的要求？设计师需要具备哪些技能才能满足市场的需要？我们的思考将随时代的进步而更加深入。

卢上尉

Contents 目录

Book Design

第一章

叩问“书籍”

方所悦读节
春季特卖 3.29-5.2
低至1折
marimekko
Selling Silks
coats!
THE HOUSE OF WORTH
WHY FASHION MATTERS
ARTIST REBEL DANDY
TECHNICAL DRAWING FOR FASHION
SHOES
shoes a-z

图 1-1 书页

书籍是人类文明的重要载体，记录着前人的智慧，给后人提供了精神的食粮，它是人类文明得以延续的纽带。一本书最能打动你的地方是什么呢？是文字？是装帧？还是其传递的信息？抑或是其中的一幅图、一句话、一个人？无法想象，在人类从蒙昧走向文明的过程中，那些亦辉煌亦黯然的过去如若缺少书籍的记载，后人将通过怎样的方式去了解。不敢夸大书籍对于未来人类社会的影响，书籍已然成为人类文明的见证，这一点确凿无疑。

图 1-2 书库

图 1-3 《剪花娘子库淑兰》

第一节 什么是书籍

“书籍”一词在《辞海》中的定义是：装订成册的著作。而现在，对书籍的定义则更为宽泛。随着人们阅读方式的改变、体验需求的升级、承载物的创新，诸如电子书、沉浸式体验书（VR 效果）、各种概念书等纷纷出现，书籍所包含的内容较传统定义来讲已经被大大拓展。

在人类文明发展的过程中，传统书籍起到了有力的推动作用，可以说人类社会知识体系的建立，书籍功不可没。书籍成为知识的载体，凝聚并保存了前人的智慧成果，我们可以将其中的文字和图片统称为信息。目前，信息记录和传播的方式在不断更新，形态在不断变化。过去公交车、地铁上人们手中的“口袋本”变成了现在的智能手机。电子产品能呈现的图文信息可谓海量，以至于传统印刷行业受到了极大冲击。于是人们开始担忧纸质书籍会不会消失。

其实这个问题反映出人们对纸质书籍的依恋。纸质书籍并不能代表书的全部，回想一下纸质书籍出现之前，书是何种形态，现在我们是否还能看到。历史不一定重复，但成因值得我们思考。（图 1-1 至图 1-3）

人类社会的快速发展使书籍有了新的定义。由于时代的发展，我们发现过去人们对书籍的定义过于片面。从广义上讲书籍应该是信息传播的载体。书籍本来就是人类社会发展历程中以当时的技术手段为知识和信息的传播量身定做的物质载体，那么我们为何如此担忧这个载体的合理改变呢？技术的进步和需求的升级要求人们为知识和信息的传播创造出更加符合时代发展要求的书籍，书籍的形态也必定随之改变，变得更加符合当今人们的生活需求，更加适应现代传播手段，更能满足人们阅读习惯。

相反，我们应该担忧的是人们的阅读能力是否会退化，阅读的习惯是否会被抛弃。在当今信息碎片化的时代，如何帮助人们高效地选择阅读、有效地促成阅读、系统地完成阅读才是亟待解决的问题。

第二节 书籍的功能及分类

一、书籍的功能

（一）信息记录功能

书籍有信息记录的功能，承载着大量的文字信息、图片信息、情感信息。信息的记录让书籍产生了价值实现的可能。在文字出现以前，人类的知识和信息通过口口相传的方式被保留下来，偶有零星的图画记录或结绳记事为大事件留下存在过的痕迹，但这些方式有相当大的局限性，历史事件和神话传说在人们的口中容易分辨不清，传递时间越长，传播范围越广，信息的准确性就越弱。总体来说，文字出现之前，我们的信息记录是混沌的。文字作为载体让信息记录的准确性大大提高，而书籍又是文字的承载物。所以信息记录的需求推动了书籍的产生，虽然书籍的形态在各个历史时期会发生变化，但信息记录的功能一直存在。（图 1-4）

（二）信息传递功能

宋真宗《励学篇》中有两句脍炙人口的经典：书中自有黄金屋，书中自有颜如玉。可知书中确有人们看重的财富，不过这些财富是知识和信息。无形的财富可以在条件成熟时从无形转化为有形，这激励着千千万万"读书人"埋头于书山学海之中。

信息通过书籍的阅读得以传递，读者可以在阅读的过程中，自主地对有用或感兴趣的内容进行提取和转化，达到汲取"精华"的目的。各路宗师名家纷纷著书立说表达自己的观点，门徒带着被奉为经典的著作往来奔走，加速着各类思想的传播。造纸术和印刷术的发明加强了书籍的信息传递功能，提高了书籍的信息传递效率。如此一来，知识的学习和信息的获取变得相对容易，受教育的人数逐渐增加，加快了文明前进的步伐。

图 1-4《钦定诗经传说汇纂》（清）

（三）情感烘托功能

除了作者在图文内容上的情感营造，还有策划、编辑、设计、印刷、推广等环节的工作人员为整本书的完成所付出的情感与劳动。那些独具匠心、设计精美、印刷精良的书籍，不仅能给人以精神上的享受，更能在不经意间让人们阅读的过程变得愉悦和美好。传统典雅的书籍让读者徜徉于质朴与久远的回忆；科幻探索类的书籍把读者带入对未知世界的遐想；儿童读物让小朋友和家长在互动中体验亲情的温暖……

著名日本民艺理论家柳宗悦在其著作中就曾提及：手与机器根本的差别在于，手总是与心相连，而机器则是无心的，之所以手工艺会诱发奇迹，是因为这不是单纯的手工劳动，其背后有心的控制，通过手来创造物品，给予劳动以快乐，使人遵守道德，这才是赋予物品美的性质的因素。不管哪一类书籍，用心之作总能够打动读者，因为他们的情感在某一个地方产生了共鸣。（图 1-5）

图 1-5 阅读

图 1-6 《旋：杉浦康平的设计世界》

（四）促成阅读功能

阅读需要图文信息进入大脑与以往经验产生比对，大脑识别其承载的意义，进而对信息进行理解和筛选。阅读者可以根据不同的目的对阅读的速度、时间、内容、频率等加以控制，所以阅读是一个主动并且主观的过程。我们可以看出阅读材料是阅读的客观条件，阅读意愿是阅读的主观条件，只有这两个条件得到优化组合，阅读才能顺利完成。书籍提供的阅读材料是经过系统整理后的信息，根据不同类别和主题进行精心策划的书籍，从图文内容、版式设计、印刷工艺、材料选择、装帧风格等方面为主题服务，带给读者或有趣、或沉重、或科幻、或惊悚、或美好的阅读体验。切合主题的良好阅读体验可以拉近读者与作者的距离，使阅读成为人们生活的一部分。所以内容充实、设计到位的书籍会更好地促成阅读。（图 1-6）

二、书籍的分类

图书管理是门学问，书籍分类是种方法。对事物进行分类必须按照一定的标准才会清晰，书籍的分类也是如此。我们在这里讨论书籍分类，不是要找到一个最系统或最权威的分类标准，而是引导大家思考这些分类标准的适用范围，体会其在使用中带来的实用性和便捷性。

书籍分类标准要根据人们的特定需要而定。比如，在印刷生产环节，书籍往往被工人师傅以印刷工艺、装订工艺、开本大小等因素分成若干个类别；而在图书馆，书籍的划分有着层次清晰的严密体系，以便整理存放和随时查阅……这些分类都有专业背景，涉及书籍的内容、功能、风格、材料、工艺等。我们在整理自家的书柜时，也时常会感到困惑，是按照查阅需求进行整理，让使用更方便，还是按照开本大小来整理，让书架更整洁。（图 1–7）

中国图书馆图书分类法，是按照图书的内容、形式、体裁和读者用途等，运用知识分类的原理，采用逻辑方法，将所有学科的图书按其学科内容分成几大类，每一大类下分许多小类，每一小类下再分为子小类。最后，每一种书都可以分到某一个类目下，每一个类目都有一个类号。包括马列主义、毛泽东思想，哲学，社会科学，自然科学，综合性图书五个基本部类，下设 22 个大类：A. 马克思主义、列宁主义、毛泽东思想、邓小平理论；B. 哲学、宗教；C. 社会科学总论；D. 政治、法律；E. 军事；F. 经济；G. 文化、科学、教育、体育；H. 语言、文字；I. 文学；J. 艺术；K. 历史、地理；N. 自然科学总论；O. 数理科学和化学；P. 天文学、地球科学；Q. 生物科学；R. 医药、卫生；S. 农业科学；T. 工业技术；U. 交通运输；V. 航空、航天；X. 环境科学、劳动保护科学（安全科学）；Z. 综合性图书……

图 1–7 图书馆书架

以上这种分类方法适用于图书馆、书店、书城等需要对所有书籍进行详尽归类整理的专业单位，大多数情况下我们用不到如此严密而庞大的分类，而是需要以分类的形式对书籍的某一方面特征进行描述，从而达到方便交流和沟通的目的。（图 1-8）

按照书籍材质分：纸质书、塑料书、布书……

按照装订工艺的档次分：平装、精装；

按照设计概念分：普通书、概念书；

按照开本大小分：8 开、16 开、32 开……

按照开本规则分：常规开本、异形开本；

按照产地分：国产书、进口书……

按照印刷时间分：宋版书、明版书、现代书……

按照装订工艺分：无线胶订、锁线胶订、线装、圈装、平订……

图 1-8 书店中的儿童类书籍区域

图 1-9 《书境》及附属小册子

图 1-10 《贞石永固》刘晓翔设计

知识拓展：

不定期出版物以图书（包括书籍、课本、图片）为主。书籍有封面并装订成册；图片没有封皮亦无装订；不定期出版物主要指图书，图书一般与书籍为同义语，但在统计工作中，有时图书又作为书籍、课本、图片三者的总称。书籍按页数又分为两类：除封面外，正文页数超过 48 页的称为书籍；正文仅 48 页或不足 48 页的称为小册子。这种区分比较烦琐，许多国家并不采用。同时，也不能把书籍和小册子理解为两个不相容的概念。实际上，小册子是书籍的一部分。不管页数多少，凡有封面并装订成册的都是书籍。无封面并没有装订成册的挂图、单幅地图、单张图画（如宣传画、年画）等，都不算书籍。（图 1-9、图 1-10）

图 1-11 《美哉汉字》封面及函套

第三节 书籍设计 = 书籍装帧?

如何弄清书籍装帧与书籍设计的概念，这两个词所包含的内容并不等同。两者涉及的思维方式、设计概念、职责认知等方面都有较大的差别。

“装帧”一词在 20 世纪初期从日本传入我国。“帧”是一个数量词，指被折叠在一起的纸，装帧就是把多帧装订起来，附上书皮等具有保护或装饰功能的部件的过程。在过去经济基础较为薄弱、印刷技术不够发达的时代，一本书注重较多的还是封面设计，仅解决“有”和“无”的问题，仍停留在书籍装潢、装饰的层面，因此，那时称书籍装帧是比较普遍也是较为合适的。即便是现在的设计委托任务，依然能遇到那种简单地认为设计一本书就等于设计一个封面的客户。

随着科技的进步，技术的提升，书籍的形态受客观因素的影响已越来越小，设计师的各种想法有了更多实现的可能。而随着现代设计概念的发展，书籍设计致力于从内容到形式，从封面到内页，从元素到结构等方面把书籍整合成为一个有机整体，从而更好地为读者服务。阅读已不只是获取文字或图片信息的方法，良好的阅读体验也成为读者需求的一部分。如何高效、准确地获取信息，以更恰当的方式来帮助读者阅读，更快、更好地在读者与作者间架起一座穿越时空的桥梁，成为书籍设计者要考虑的主要问题。书籍的前期策划、定位、工艺等环节都被包含在内，此时，书籍设计的称谓更能够涵盖全部工作，也更加符合具有时代特点的设计命题。（图 1-11 至图 1-13）

–12 《美哉汉字》切口设计

《美哉汉字》

图 1–13 《美哉汉字》函套设计

第四节 什么是书籍设计

书籍设计的概念近些年才被我国设计行业慢慢提及和接受，装帧这个概念，在过去相当长一段时间里被我们使用，这种对书籍表面进行装扮的简单理解导致人们对书籍设计的认知范围过于狭窄。虽然设计师克服各种困难不断对书籍的整体设计进行探索，却始终无力促成全行业的共识。受人的观念、经济条件和出版体制等因素的制约，使设计师无法充分发挥自身创造力。目前，出版业中还没有人能对书籍的整体设计概念进行一个全方位的解释，实际上这也是设计师的地位没有得到社会认同的表现。同为给读者谋划良好阅读体验，体现阅读价值的重要参与者，却不能与文本作者一样得到社会认可，不能不说这是时代的局限。

对书籍进行的全方位整体设计应该包括三个层面的内容：书籍装帧、编排设计、编辑设计。它们贯穿于书籍设计的全过程，环环相扣，为让读者在阅读的过程中与书产生互动，与作者产生共鸣，思维得到启迪而协同运作。装帧解决材料和工艺问题，编排设计主要针对图文信息，编辑设计则是对整体视觉效果的把握。（图 1-14 至图 1-17）

图 1-14 《装订道场》

图 1-15 《荒漠生物土壤结皮生态与水文学研究》切口细节

图 1-16 《荒漠生物土壤结皮生态与水文学研究》函套设计

图 1-17 《一直和大家在一起》

书籍设计有其特定过程：

第一步，设计师与作者和编辑共同探讨书籍的主要内容，构思设计意向。根据书的内容、受众以及成本等进行设计风格的定位，确定书籍表现的形态。

第二步，将编辑的思路进行视觉化呈现，统计出图文的数量，着手准备符合质量要求的图片内容。

第三步，对封面、环衬、扉页、内页等进行整体的视觉编辑设计，同时完成内页的图文编排。页眉、页脚、页码、切口等能为书籍整体效果加分的设计部分此时也要考虑进去。

第四步，选择印刷工艺，确定装帧材料，制作出样书用以全面评估整本书的设计表现是否达到设计意图；反复推敲该书的功能性问题是否解决完善；对印刷、裁切、装订等工艺细节做出必要调整，提出该书印刷质量的具体要求。

第五步，紧贴市场，完成该书宣传产品的设计，让书籍在呈现到读者眼前的“最后一百米”阶段就能进行形象宣传。

书籍设计还对设计师有更高的思维要求。翻书的过程也是时间流逝的过程，所以书籍设计比在三维空间中构筑一个立体造型更为复杂，它多了一个维度，设计师需要充分考虑读者的阅读感受。书籍前后页之间的视觉联系以及翻阅过程元素间的呼应，会增强读者的阅读兴趣。

第五节 书籍设计的源流

随着人类文明的进步，文字或符号成为人们记录事件和传递经验的重要途径。在缺乏声音和影像记录手段的历史时期，以图文形式存在的信息记录方式比起口述历史和经验传播来讲，在准确性、系统性、保存性、传播性等多方面具有更多优势。

当人们将图文依附于兽骨、兽皮、青铜、陶器等材料上时，书籍的雏形就出现了；当人们为了认读方便，对图文的大小和方向等有意识地编排时，版面设计的雏形就出现了；当信息量越来越大，需要多个承载物按顺序联合使用时，书籍设计的雏形就出现了。如同人类社会的每一次历史性变革背后都有技术进步作为支撑一样，看似独立的事物常常充满了因果关系。

一、书籍的雏形

世界上各个文明的产生时间不同，因此文字和书籍的出现也有先后，相对独立的文明发展使得书籍的最初形态差别巨大。但人类在图文信息记录的手段和方法上有相通之处，即从镌刻向书写发展，从单个承载物向集合的多个承载物发展，从使用天然承载物向使用深加工的承载物发展。

古埃及遗迹中镌刻着图文的巨大石块，出土于两河流域布满楔形文字的泥板，布满烧蚀痕迹和甲骨文的动物骨头都在向我们展示各个文明早期的图文记录状态。发展程度不同的各个文明在早期都选择用刻画来记录重要的图文信息，说明这种方式具有科学性，至少它解决了信息记录的问题，从保存性上来说这也是一种质的飞跃。这种方式还随着人类文明的进步一直延续到冶炼技术成熟之后，比如中国的青铜器时代为后人留下的不单有精美的文物，更有鲜活的历史。铭文、碑刻、玉板、陶书、瓦当都在某一方面发挥着记事的作用。

图 1-18 莎草纸

图 1-19 莎草纸书 古埃及

莎草纸

二、书籍的形成

当文明的进步需要更便于保存和交流的图文记录方式时，各文明都找到了自己的应对之法。

莎草纸 是用一种名为“纸莎草”的芦苇主茎做成的书写材料，古埃及将其制成薄片，纵横平铺，叠压捶打，让植物黏液将上下两层纸草黏合，晾干后打磨光滑便可以用于书写。由于图文记录的需要常常要把莎草纸制作成长卷，卷在木头或象牙棒上，阅读时一头展开一头卷回，采取这种方式的原因是纸草较脆不可折叠，所以卷轴是一种较好的解决方式。卷轴装成为书籍形成初期的重要形式。但这里要强调的是“莎草纸”有别于现在统称的“纸”，前者是对自然界原材料的初级加工产品，而后者则是对原材料的深加工产品。（图 1-18、图 1-19）

泥板 出现在两河流域，是古巴比伦人用有尖角的木棒把楔形文字刻在泥板上，再晒干或烘干而成，泥板书上还注上了页码。（图 1-20）

蜡版 是古罗马人发明的用来记录图文的载体，在用木材做成的小木板中部挖一个长方形凹槽，用来盛装黄色或黑色的蜡，内侧上下两角凿有小孔，用绳索将木板串联起来，前后两块不涂蜡，类似现代书籍的封面。

羊皮卷 是古希腊人发明的，用羊皮制成，继承了莎草纸书的卷轴形式。羊皮结实，柔韧性强，还可以两面书写，在欧洲古典时代和中世纪时期被大量使用。有意思的是古希腊人和古罗马人对莎草纸有种特殊的喜好，他们将实用读物写在羊皮书上，将文学读物仍写在莎草纸上。在欧洲，莎草纸和羊皮卷被长时间使用，羊皮书由开始的卷轴形式向后来的册页形式转变，方便了储存和使用。因为需要做成册页，所以有了裁切和开本的概念，装帧形式也渐渐变得华丽。（图 1-21）

图 1-20 泥板书 两河流域

图 1-21 羊皮书 欧洲

图 1-22 贝叶经 南亚次大陆

简策

图 1-23 堆码存放的简策

简策 则是古代中国人为了连续记录、保存和传播信息等发明出来的，它同古埃及的纸草书有异曲同工之妙，都用初级加工的天然承载物记录图文，以卷轴的形式收纳。中国古人将制成条状的竹片用皮绳编连成册，其上可以刻画书写。一头一尾的两根竹简分别称为“首简”和“末简”，收拢时以末简为轴，向内将其卷成一束，首简背面是露在最外面的部位，常常将书名或篇名写在上面。同时木牍也在这一时期被使用，合称为“简牍”，流行于秦汉时期。

简策在频繁使用后容易造成编绳断裂，“读书破万卷”说的就是简策因使用频繁而出现破损。为了解决这个问题，中国又出现了缣帛书，同样是卷轴的形式，不同的是将竹片或木板换成了缣帛，反复使用也不易破损，还轻便了不少，但是造价昂贵，仅能满足贵族阶层的使用需求。简牍和缣帛作为书写材料，从功能上来说已经满足了书籍的要求，所以中国史学家认为它们已经是真正意义上的书籍。（图 1-23 至图 1-25）

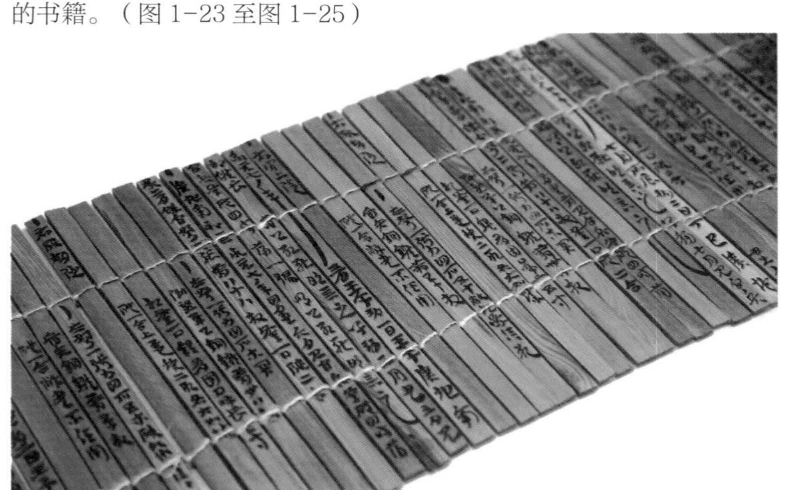

图 1-24 竹简由编绳连接成策 便于书写阅读

图 1-25 东汉《居延都尉府奉例》竹简

三、书籍形式的演变

每一个新时代的来临都有极具价值的技术创新作为支点。书籍的发展也是如此，承载物的创新对书籍的形态产生了革命性的影响。

东汉时期的蔡伦改进了造纸术，以替代之前所用的缣帛等昂贵材料，他将便宜的树皮、麻头、破布等制成纸浆，摊薄晾干后制成结实柔韧的“蔡侯纸”。皇帝大加赞赏并将“造纸术”公布天下，造福了广大民众。渐渐书籍不再是王公贵族等少数人才能拥有的奢侈品，中下层民众也能用上轻便、结实的纸质书籍。这对知识的普及、人才的培养具有极大的促进作用，是社会文明进步的体现。（图 1-26）

后来造纸术传到了欧洲，纤维纸逐步替代了羊皮卷和莎草纸，为现代书籍的成型奠定了基础。造纸术传入之前，欧洲中世纪时期的手抄书大都是羊皮纸书，从卷轴装发展到了册页装，装帧精美华丽，内容以宗教题材为主，有宗教文学、宗教艺术以及还没从宗教中脱离出来的科学技术等。由于虔诚的信仰使得这些手抄书的每一个细节都得到最大化的满足，中世纪的哥特式风格在这些手抄书的文字及装帧上的影响随处可见。（图 1-27）

人类的思维有相似性，如同古希腊人用羊皮代替卷轴装的莎草纸，中国古人也用新发明出来的植物纤维纸代替缣帛。在中国纸书的最初形式沿袭帛书，依旧采用卷轴装。（图 1-28）

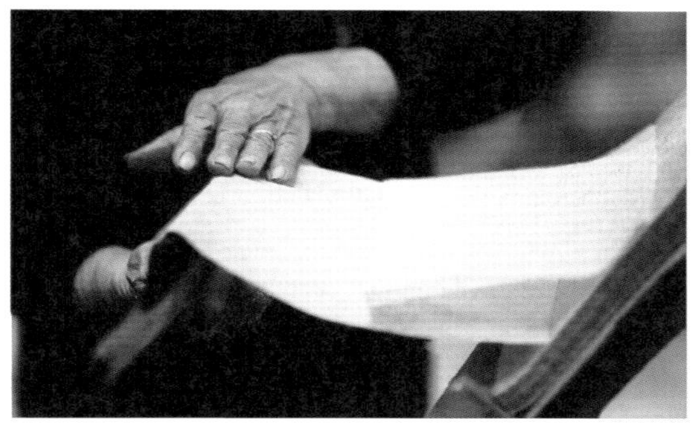

图 1-26 古法造纸

图 1-27 15 世纪手抄本《圣经》唱诗乐谱

图 1-28 卷轴装

卷轴装 的轴通常是一根圆木，卷子的左端卷入轴内，右端露在卷外，为保护它另用一段纸或丝织品糊在前面，叫作褾。褾头再系上各色丝带，用作缚扎。从装帧形式上看，卷轴装主要对卷、轴、褾、带四个部分进行装饰。在古代中国，卷轴装不但是书的一种形态，更是一种字画的装裱形式，中国书画卷轴装萌芽于战国时期，历经宋、元、明、清不断发展完善。卷轴装在中国已经不仅是一种装订方式，更是一个文化符号。2008 年北京奥运会开幕式上，张艺谋导演就用声光电的手段营造了一幅徐徐展开的卷轴画，向全世界展现中华文明的延绵和精彩。

有意思的是，中国古代的卷轴装展开是左右方向，而古代西方文明的卷轴装展开是上下方向，这与阅读和书写习惯有关。左右书写的文字需要上下换行，所以上下展开更方便，而上下书写的文字需要左右换行，所以左右展开方便。至于为什么要换行，这主要是因为：首先承载物尺寸有限，必定要换行；其次，如果文字内容多，又不及时换行，阅读区域会变得十分细长，造成一眼望不到头的尴尬。这也是现代书籍设计中内页版式出现“栏”的原因，不及时换行，会造成阅读不便。

卷轴装的纸质书籍使用时间较长，从东汉时期一直沿用到北宋初期，这足见人们对它的认可程度。在使用过程中卷轴装也暴露出了其所存在的缺点，比如翻阅书籍中后部内容时，需要把卷轴全部打开，而卷轴装一般较长，一边展开，一边收拢，两边配合得当方能整齐开合，所以古代读书人在条件允许的情况下都将书页固定，这样才不易掉落折断。（图 1-29）

旋风装 是卷轴装的一种变形，书籍设计不断在发现问题和解决问题的过程中渐渐得以完善。新问题出来，自然有新方法解决。卷轴装书籍的不便主要是承载的内容过多不利于阅读，这是由于只能在一张纸上往一个方向不断平推展开造成的。旋风装是以一幅比书页略宽、略厚的长条纸作底，而后将单面书字的首页全幅黏于底纸右端，其余书页因均系双面书字，故以每页右边无字的空白处，逐页向左鳞次黏于底纸上，形成上页压下页的错落状。收藏时，与卷轴装卷向相反，是由首向尾卷起。从外表看，仍是卷轴装，但内部书页却逐次朝一个方向卷，故古人称它为旋风页子，即旋风装，又称龙鳞装。其书页鳞次叠加缩短了全书首尾间的距离，开合更方便，书页固定也不易脱落折断。（图 1-30）

图 1-29 卷轴装《妙法莲华经》木刻板 清

图 1-30 旋风装（龙鳞装）由卷轴装演变而来

经折装 是另一种解决翻阅不便的书籍装订形式。既然卷起来不方便那么就折起来，原来卷轴装中的长卷纸被反复折叠起来，首尾黏在厚纸板上，层叠收纳，既便于存放也起到保护内页的作用。封面再表上织物或彩色纸，这样经折装的书籍就成型了。这种装订方式在隋唐时期开始盛行。（图 1-31）

但经折装也存在一些问题，由于两头的硬纸板没有连接固定，在翻阅时慢慢打开没有问题，可是翻阅过快或拿在手上走动翻阅时，中间厚厚的折页容易脱落出来，虽然能整理归位，却也带来了不便。

经折装

图 1-31 经折装

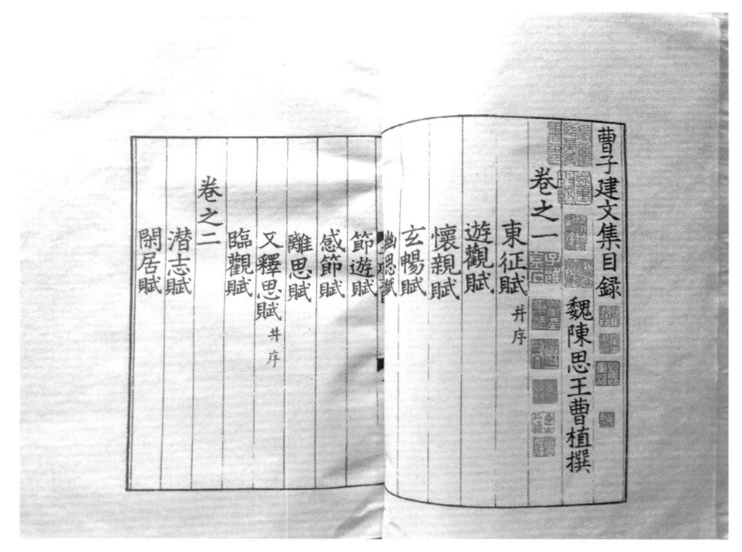
曹子建文集目録
魏陳思王曹植撰
卷之一
東征賦 并序
遊觀賦
懷親賦
玄暢賦
幽思賦
節遊賦
感節賦
離思賦
又釋思賦 并序
臨觀賦
卷之二
潜志賦
閑居賦

图 1-32 蝴蝶装宋版影印《曹子建文集》一册

传统装订方式

蝴蝶装 是中国历史上出现的第一种有书脊的装订方式。经折装因为没有书脊，所以使用时容易脱出散落，那么把所有内页沿一边固定好，翻阅时就不容易发生脱落的状况了。书脊就是为固定内页而产生的。

唐朝末期印刷术逐渐发展，书籍的批量生产需要材料的标准化，印版不可能做得很长，一个印版就是一页，所以对应的承印物由长卷纸向册页纸发展。印有文字的单页纸张沿中缝向内对折，然后依次将全书各页对齐，折叠处用糨糊黏在包背纸上，最后裁切成册，这种书籍装订形式与之前的装订形式区别较大，翻动时书页展开像蝴蝶展翅，所以被称为蝴蝶装，这种装订形式盛行于宋朝。（图 1-32）

包背装 源于蝴蝶装，蝴蝶装确实解决了书页固定的问题，但翻阅时有字的正面和无字的反面交替出现还是会影响阅读，于是人们把折叠的方向反过来，纸张有字的一面沿中缝向外折，将黏接的部位反过来，将其变为订口。然后再用一整张纸将封面封底全部黏起来，原来裸露的书脊被完全包裹，加强了其牢固性。包背装书籍在翻阅时，内页是双层，翻不开的部分没有文字，使阅读的连续性更强，其形态越来越接近现代书籍的形式了。

图 1-33 活字印刷

线装 又是在包背装的基础上发展而来的，产生于明朝中期。线装书封面、封底与书背戳齐，再打眼钉线。由于封面与封底是分开的两页纸，所以书脊、锁线外露。线装书既便于翻阅，又不易散落，是我国一种特有的装订方式。这种装订形式在世界上独树一帜，具有极强的识别性，并沿用至今。线装书的结构为：书衣（封面）、护页、书名页、序、凡例、目录、正文、附录、跋或后记，与现代书籍次序大致相同。

由于蝴蝶装和线装书的封面都是软面的，只能平放，不能直立，在插架和携带时都不方便，所以有的书在外面加了函套，材料选用硬纸板或木材，有纸盒、夹板、木盒等形式。（图 1-33 至图 1-35）

图 1-34 《称谓录》清

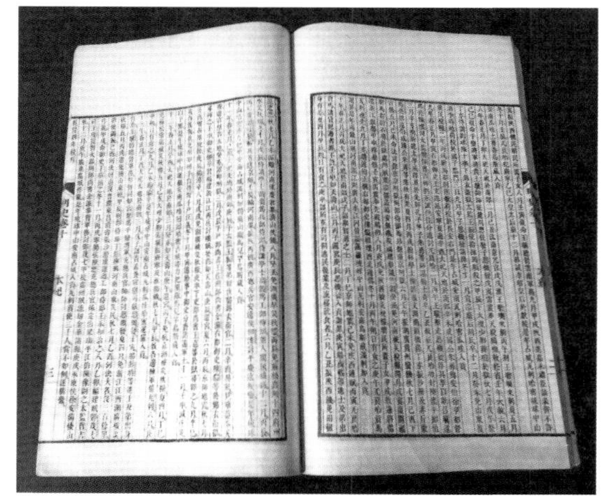
图 1-35 线装 清光绪十八年武林竹简斋石印本《二十四史》

现代书 的成形要归功于现代印刷术的变革，当廉价的纸张大行其道时，落后的印刷技术阻碍了书籍的进一步发展。15 世纪德国人古登堡发明了金属活字印刷术，他的四十二行本《圣经》字体大小形态相同，模仿手抄本中的哥特体。金属活字印刷术的出现极大地提高了印刷效率，劳动力被更多地解放出来，这让人有更多的精力去发展装帧工艺和制作精美插图。木板插图与金属活字混用，图文混编的版式逐渐增多。字体设计更加丰富，交替使用的字体能起到强调作用，同时标点符号得到发展和规范，页码使用阿拉伯数字，方便了读者翻阅查找。由于大规模机器生产已经让商品的概念深入人心，书籍中出现了出版商标志和生产地址的版权页。现代书籍的形式已经基本形成，它不再是古代手抄书籍的模仿品。（图 1-36 至图 1-38）

图 1-37 古登堡印刷术

图 1-38 古登堡发明欧洲金属活字印刷

Incipit epistola sancti ieronimi ad paulinum presbiterum de omnibus divine historie libris. Capitulum primum

Frater ambrosius tua michi munuscula perferens. detulit simul et suavissimas litteras: que a principio amicicias fide probate iam fidei et veteris amicicie preferebant. Vera enim illa necessitudo est et christi glutino copulata: quam non utilitas rei familiaris. non presentia tantum corporum. non subdola et palpans adulatio: sed dei timor. et divinarum scripturarum studia conciliant. Legimus in veteribus historijs. quosdam lustrasse provincias. novos adiisse populos. maria transisse: ut eos quos ex libris noverant: coram quoque viderent. Sic pitagoras memphiticos vates. sic plato egiptum. et architam tarentinum. eamque oram ytalie que quondam magna grecia dicebatur: laboriosissime peragravit: et ut qui athenis mgr erat. et potens. cuiusque doctrinas achademie gignasia personabant. fieret peregrinus atque discipulus: malens aliena verecunde discere: quam sua impudenter ingerere. Denique cum litteras quasi toto orbe fugientes persequitur. captus a piratis et venundatus. tyranno crudelissimo paruit. ductus captivus vinctus et servus: tamen quia philosophus: maior emente se fuit. Ad titum livium. lacteo eloquentie fonte manantem. de ultimis hispanie galliarumque finibus quosdam venisse nobiles legimus: et quos ad contemplationem sui roma non traxerat: unius hominis fama perduxit. Habuit illa etas inauditum omnibus seculis. celebrandumque miraculum: ut urbem tantam ingressi: aliud extra urbem quererent. Apollonius sive ille magus ut vulgus loquitur. sive phus ut pitagorici tradunt. intravit persas. pertransivit caucasum. albanos. scithas. massagetas. opulentissima indie regna penetravit: et ad extremum latissimo phison amne transmisso pervenit ad bragmanas: ut hyarcam in throno sedentem aureo. et de tantali fonte potantem. inter paucos discipulos. de natura. de moribus ac de cursu dierum et siderum audiret docentem. Inde per elamitas. babilonios. chaldeos. medos. assirios. parthos. syros. phenices. arabes. palestinos. reversus ad alexandriam. perrexit ad ethiopiam: ut gignosophistas et famosissimam solis mensam videret in sabulo. Invenit ille vir ubique quod disceret: et semper proficiens. semper se melior fieret. Scripsit super hoc plenissime octo voluminibus. phylostratus.

Quid loquar de seculi hominibus: cum apostolus paulus. vas electionis. et magister gentium. qui de consciencia tanti in se hospitis loquebatur. dicens. An experimentum queritis eius qui in me loquitur christus. post damascum arabiamque lustratam: ascendit iherosolimam ut videret petrum et mansit apud eum diebus quindecim. Hoc enim misterio ebdomadis et ogdoadis: futurus gentium predicator instruendus erat. Rursumque post annos quatuordecim assumpto barnaba et tyto. exposuit cum apostolis euangelium: ne forte in vacuum curreret aut cucurrisset. Habet nescio quid latentis energie vive vocis actus: et in aures discipuli de auctoris ore transfusa: fortius sonat. Unde et eschines cum rodi exularet. et legeretur illa demostenis

图 1-36 古登堡四十二行本《圣经》

手抄书

20 世纪的中国风雨飘摇，政治、经济、文化等各个方面受到西方的强烈冲击。西方金属活字印刷术和石版印刷术传入中国，这让无法适应大规模机械化生产的雕版印刷逐渐退出历史舞台，仅有一些插图还保留了传统的凸版木刻水印。中国书籍也逐渐脱离了线装书形式趋向于铅印平装本。

“五四运动”后的中国的现代书籍强调从技术到艺术形式都为新文化书籍服务，鲁迅给自己的《呐喊》《引玉集》等设计了封面，强调红白、红黑对比，形式简洁有力，突出作品内在的精气神。他主张版面要有设计概念，不要过挤，强调节奏、层次和整体效果，承认装饰的作用但不推崇图解式的创作。之后涌现出的丰子恺、林风眠、陈之佛等一大批学贯中西的大家都涉足书籍设计领域，这让中国现代书籍设计形成了在保留传统文化意韵的同时追求与现代同步的趋势。（图 1-39、图 1-40）

图 1-39 《呐喊》鲁迅

20 世纪六七十年代，中国出版业陷入低潮，书籍装帧行业跌入谷底，装帧形式一度变得简陋和单一。直到 80 年代初期，中国装帧艺术又开始恢复发展，陆续举办的全国性的装帧艺术展览会展出了一大批中青年艺术家的作品。

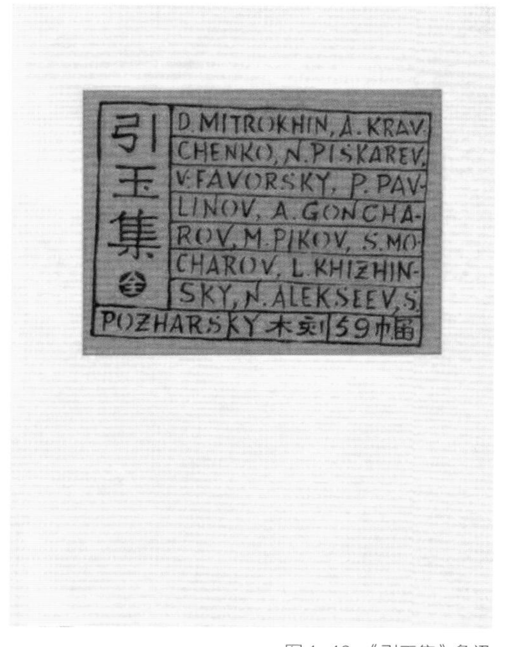

图 1-40 《引玉集》鲁迅

20 世纪 90 年代后，随着出版事业的蓬勃发展，迎来了中国的书籍设计的春天。国际间的交流越来越频繁，我国的书籍设计也向国际先进水平靠拢。到 2017 年，在被誉为全球印刷界“奥斯卡”的美国印制大奖中，中国印刷企业的作品《冷冰川》（插图）、《圆明魏紫——中国明清紫檀家具》、《轮回》、《比尔·宾士利》（*Escapism Bill Bensley*）获班尼金奖，其中《比尔·宾士利》还获全场大奖。这让发源于东方的印刷术在国际舞台上又赢得了世界的尊重和认可。

四、书籍设计的发展方向

21 世纪的书籍设计迎来了新的挑战，互联网技术的发展进步使人们获取信息的途径发生了重大变化，从移动终端获取信息的方式开始普及。社会不停地在为这些新生事物制定规则和标准，似乎我们还没有完全适应这种新的阅读习惯。出版行业所面临的挑战是前所未有的，适者生存的法则让许多出版机构寻求转型，开始进军数字出版领域。

数字出版不是洪水猛兽，它是时代发展的产物。数字出版在我国虽然起步较晚，但是发展很快，目前已经形成了电子图书、数字报纸、数字期刊、网络文学、网络教育出版物、网络地图、数字音乐、网络动漫、网络游戏、数据库出版物、手机出版物等新业态。它有着众多优势：便于携带，使用方便，随时改变字体字号；容量大，可随时下载，受地域限制小，传播速度快；没有印刷，成本降低，价格便宜；节约纸张，减少对环境的破坏和污染；可以更长久保存；资料利用率高，灵活多样，有多媒体功能；容易复制，可以全球同步发行，购买方便快捷，永不缺货。但是也出现了不易管理、容易出现盗版、知识产权不能得到有效保障等问题。

在这个时代背景下，书籍设计迎来了新变革。读者的阅读需求被分化，阅读习惯在改变。当知识和信息获取的渠道更多样化时，传统书籍要想吸引读者、抓住读者眼球，可能更需要依靠书籍设计来实现，它需要以更完美的阅读体验、更强烈的阅读感受、更高雅的阅读层次来激发读者的阅读兴趣。可以肯定的一点是，人们对传统纸质书籍的需求会大幅度减少，社会的进步会倒逼传统书籍改变，将来传统书籍会融入更多的环保概念和科技概念。承印物更绿色环保，表现手段融入创新元素，除了视觉和触觉以外，书籍设计会更多地调动人的嗅觉、听觉、味觉来感受书籍带来的全新阅读体验。这种沉浸式的阅读感受可能借助简单的工具完成，高科技的电子产品可能会成为实物书籍的常备附件。（图 1-41、图 1-42）

为了迅速获取知识，人们可能更多地选择用网络和智能终端设备，数字出版物成为人们的首选。而电子书会更多地涉及人机交互的内容，人机互动、界面设计、信息的数字化呈现、信息的搜索和对比、数字化笔记、电子化商业推广等新生事物会更多地影响人们的阅读行为，让人养成新的阅读习惯。在这个虚拟的世界里，信息和知识从有形的躯壳中被解放出来，它的传播和增长速度可能会超出人类目前的可控制范围。目前，我们只能判断书籍在这个方向上的发展趋势，无法预测它将来的形态，技术发展中任何一项发明都有可能迅速改变书籍的模样。当传播信息的媒介变得“无形”时，我们也将迎来人类文明进步的又一次飞跃。因此，受到冲击的不仅仅是传统出版行业，我们每个人的心理都承受着快速变革的冲击，问题在于你准备好没有。

图 1-41 哪里有烟哪里就有火

图 1-42 电子书 kindle

本章小结与思考

1. 在文人字画上中国的卷轴装为什么一直沿用至今，而且几乎固化，但书的形态却一直向前发展？

2. 中西方文明都有卷轴装的形式出现，从文字量较大的书籍来看，中国卷轴是左右展开，而西方的卷轴却多是上下展开。

3. 在阅读和书写顺序上，中国古人先是从上往下，然后再从右往左；西方则是先从左往右，然后再从上往下。不同的阅读习惯让不同文明的书籍形态的发展产生区别。

4. 电子媒介类图书的出现，对书籍设计最大的影响是什么？

5. 电子书会取代纸质书吗？

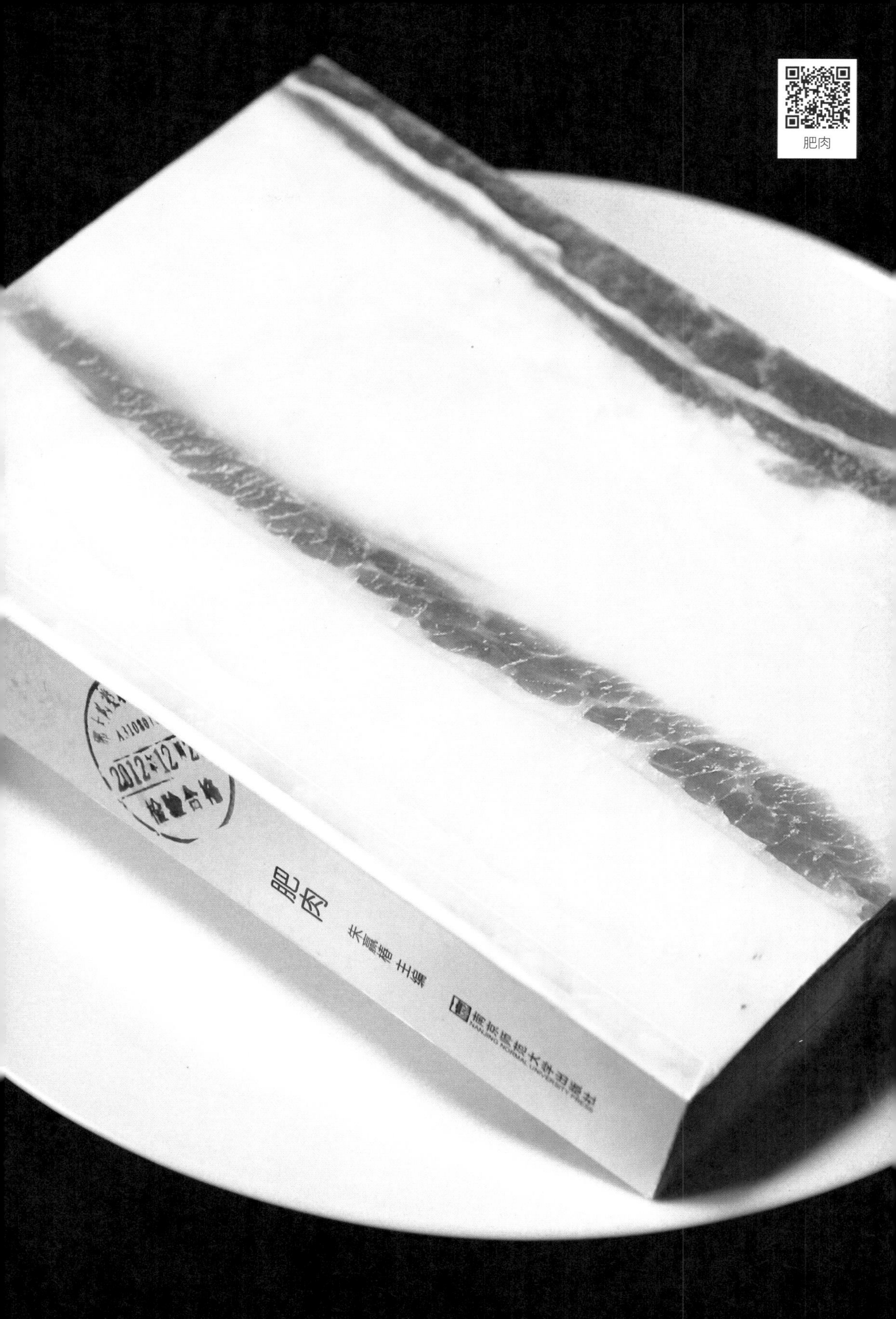
肥肉
肥肉
检验合格

第一节 “重”策划

图 2-1 NEW VOICE　AGI 04/05 新会员作品集书脊细节

设计是一项有目的、有计划的活动。书籍设计也不例外，设计过程是否能够顺利推进，印刷出版后能否取得良好的销售业绩，这在很大程度上取决于前期策划是否具备科学性与可行性。策划是筋骨，设计围绕它生长。策划更多地体现宏观的思维和布局，而设计则是将这些指令进行直观而具体的展示。二者相较，策划显得“虚”，设计显得“实”，虚实之间人们往往更容易先被实在的事物所吸引。

在教学中发现，一些同学因急于进入设计阶段而忽略策划部分，有的同学甚至认为找找成熟的参考资料，借鉴一下新颖的设计手法和表现形式就可以更快地帮助自己找到更满意的设计方案，仅把策划中需要考虑的各种因素作为设计上要注意的条条框框，策划成为设计的补充甚至是障碍，这种本末倒置、盲目求快、急功近利的做法十分不妥。

策划的作用有哪些？一方面，策划能为设计走上一条满足各方需求的正确道路指明方向。因为设计方向一旦出错，之后做再多的努力都将成为无用功，盲目的投入更是白白浪费人力、物力和财力。另一方面，策划能让设计师更准确地对设计过程中的各种因素进行取舍。书籍设计过程所涉及的环节较多，各种需求和限制会让设计师做出妥协，或更改方案，如果没有策划为设计的总体方向定调，设计师很难做出正确的取舍，结果只会事与愿违。缺乏策划引导的设计冲动是很难在误打误撞中获得成功的，所以策划是书籍设计绕不开且必须重视的环节。那么策划应该注意哪些方面呢？我们给出以下几点建议以供参考。

一、了解背景

书籍设计要了解几个方面的背景信息：作者，出版方，目标读者的文化、专业、行业、收入等背景。设计师需要与作者和出版方协作才能把一本好书呈现给读者。设计师应该主动了解作者和出版方的需求，弄清楚出书的背景，这将为书籍设计的顺利展开打下基础。设计师需要了解出版方可以给予这本书在设计和制作上多大力度的支持，资金、技术等因素会直接影响书籍设计的定位。作者是最了解书的主题和信息的人，设计师需要与其进行沟通，考虑这本书的设计定位是否符合其写作风格。设计师还需要了解这本书的设计语言和风格定位是否符合目标读者的总体需要，要达到何种程度才能提起他们的阅读兴趣。

这是一本有耳朵的书！它让你听到AGI的新声音，也听到你对设计的心跳声音！本书主题为“NEW VOICE”意为“新声音”，内文280页，轻型纸四色印刷，14开软皮锁线平装，首印5000册。本书在编排设计上也颠覆了以往书籍的编排方式，书脊上意外地“长”出了一只耳朵，带来全新的视觉观感体验。设计师在耳朵上设计了两个拇指电影院，翻动它AGI和NEW VOICE就开始发生变化。（图2-1、图2-2）

NEW VOICE

图2-2 NEW VOICE

二、分析市场

知己知彼百战不殆，商场如战场。书籍的出版发行让书籍进入了商品社会的竞争当中，所以设计师必须要有市场眼光。这方面的内容出版方比较在行，目前的行业现状让出版方必须精于市场营销，他们普遍具备敏锐的洞察力，设计师要多听取出版方的建议。市场对此类书籍的需求如何？目标受众有哪些？同类书籍对市场的占有率如何？如何突出个性？怎样才能形成核心竞争力？市场的潜力有多大？市场需求的走向如何？涉身市场的设计师应该是个多面手，不但要精于设计、善于沟通，还要了解市场，定位分析。

三、消化信息

书籍设计需要从内容到形式进行完美统一，内容决定形式。书籍的作者给设计师提供了图文信息，设计师对图文信息的消化程度决定着书籍表现形式的确立。在消化信息的过程中，设计师会明确整本书的写作的风格、主题、受众……越是深入地了解作者要传达的情感和精神诉求，越能让设计师更准确地运用设计手段来激发读者对整本书的阅读兴趣。设计一本书先要读懂这本书，读懂书内、书外的信息，读懂作者的心声，感受作者字里行间透露出的情感，了解出版方的诉求，发掘读者的兴趣点。

四、促成设计

设计师通过对对象书籍进行信息消化和市场分析等形成策划方案。策划方案犹如一根指挥棒，在设计活动里将持续发挥作用。策划方案为设计活动明确了工作的方向，明确了其需要满足的要求。好的策划方案能促成后续工作的顺利进行，它是设计的核心部分。

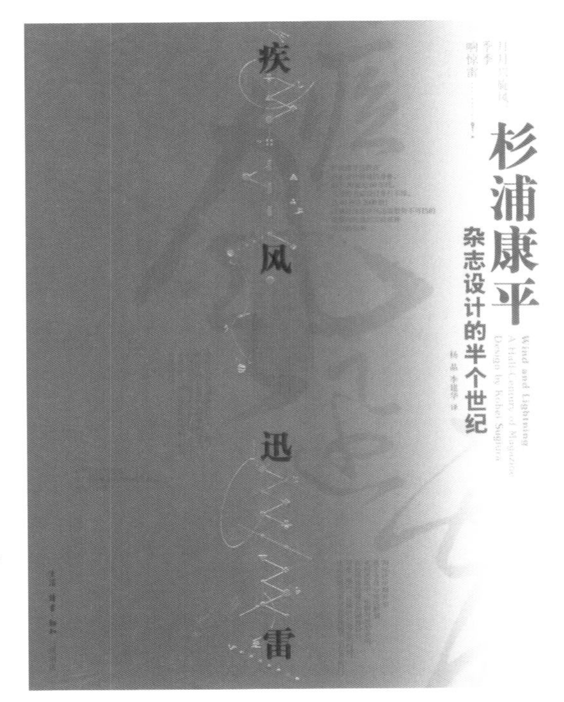

图 2-3 《疾风讯雷——杉浦康平杂志设计的半个世纪》

图 2-4 杉浦康平

杉浦康平，平面设计大师、书籍设计家、教育家、神户艺术工科大学教授。亚洲图像研究学者第一人，多次策划构成有关亚洲文化的展览会、音乐会和书籍设计，他以其独特的方法论将意识领域世界形象化，对新一代创作者影响甚大。他被誉为日本设计界的巨人，是国际设计界公认的信息设计的建筑师。（图 2-3、图 2-4）

第二节“巧”定位

《全宇宙志》

给书籍定位就是要明确它以什么样的形态出现在读者眼前。定位准确能够让书籍获得读者的认可，赢得销量。定位是有方法、有技巧的，它通过策划进行全面分析后得出。那么我们该从哪些方面定位书籍？如何定位？

一、风格定位

风格决定了书籍的“性格”。书籍设计的最终目的是传递信息，确立了以何种基调来传递信息会有助于我们更快地找到设计思路。深刻理解主题是信息传达之本，它是解锁后续设计过程的钥匙。简单来讲，就是要将设计师的情感融入图文信息中，通过构思找到创作灵感，并运用自身的专业能力排除一切干扰因素，为书籍确立一个最合适的基调。

主题不同，风格也千差万别，人文类主题书籍的设计风格可能偏向于展现人文关怀；科普读物风格可能更偏重理性思维的表达和探索精神的宣扬；儿童读物风格则相对轻松可爱、趣味横生……

图 2-5 科普类书籍《全宇宙志》 松冈正刚、杉浦康平

《全宇宙志》是松冈正刚与杉浦康平在“工作舍”创立之初就萌发出的构想。它受到了人类登月历史背景的影响，是当时担任《游》主编的松冈正刚的编辑理念与担任艺术设计的杉浦康平的造本理念相互碰撞之后的一次更为彻底深入的实践。他们想做一本前所未有的“星之书”，想要实现松冈正刚梦想中的“书之宇宙”。没想到，为了实现这一构想，他们整整花了 7 年时间。而时间也证明了《全宇宙志》在日本出版史乃至世界出版史上占据了无比重要的地位。

全书共 384 页，190 个跨页，厚约 3 厘米，开本为 16 开，装帧为精装内外封，无腰封，全书黑白两色印刷，一眼看去极为朴素。然而，正是这不起眼的黑白配颜色，构建了整本书宏大、立体、充满层次与明暗的宇宙空间。（图 2–5）

图 2-6 《文字的力与美》杉浦康平

《文字的力与美》是杉浦康平对亚洲各国文字研究多年的成果展示。书中列举了大量饶富趣味的代表性文字，并结合各地的风俗民情，以简明易懂的语句述说文字背后蕴藏的意义。这对从事文字设计、图案设计、信息设计等专业的设计人员有巨大吸引力，同时还可以给读者提供一个全新的观察文字的角度。作者精心挑选了大量图片，将其多年来对文字的力与美的深刻感悟，直观地呈现给读者。（图 2-6）

二、市场定位

随着我国社会主义市场经济的迅猛发展和消费者市场细分，图书市场多样化的发展趋势愈加明显，竞争较之前更为激烈，因此，理清作品的市场定位十分必要。前期策划要在已有资料中努力找到既能满足市场需求，又能充分体现本书特色的结合点。找出已在市场中取得成功的同类书籍，分析其获得成功的原因，本书是否能抢占一定的市场份额，如若不能开辟新市场反而更易获得成功。市场是动态变化的，有新的需求就会有新的市场。为书籍找到合适的市场定位，就是要巧妙地发现读者潜在的阅读需求，这其中可能是阅读体验的新尝试，也可能是对同一话题的不同解读……总之，就是要找到不同于其他同类书籍的切入点，来确定书籍设计的定位。

三、读者定位

一本书肯定无法全面满足所有读者的需求，这就需要有策略地对其进行读者定位。进行读者定位主要从"内容"和"设计"两个方面进行考虑。书籍的内容是读者认识这本书的"根本"，本书想要向什么样的读者群传递什么样的信息，内容与市场上的同类书籍相比有哪些优点，以及如何抓住读者的兴趣点，这需要作者充分了解目标读者的阅读需求。而书籍的设计是读者认识这本书的"路径"，不同的设计风格会吸引不同品位的读者前来阅读，这需要设计师全面考虑目标读者的阅读习惯和审美需求。设计师要多和作者沟通，通力配合，用专业的眼光做出准确的读者定位。

四、形态定位

书籍设计是将书籍外在结构造型与内在信息传递有机结合在一起的一个创造过程，是设计师在对书籍的内容进行阅读和理解后，有条理、有逻辑地构建出心中的"构筑物"的一个过程。这个过程分为两大部分，第一部分是书籍的形态构造，第二部分是内在理性秩序的梳理。前者较"实"，后者较"虚"。

书籍形态 "实"的部分在于它是看得见摸得着的内容，如开本、结构、纸张、装订方式……书籍形态 "虚"的部分在于其传递信息的时空概念和内在理性秩序是借助"实"的部分感悟到的更深层次意义。设计师要塑造的书籍形态既要符合主题的表达，又要能够满足其精神的体现，这是对书籍形态进行定位的标尺。形神兼备的书籍定位才能最大限度地调动读者的阅读兴趣。

图 2-7 《藏区民间所藏藏文珍稀文献丛刊》（精华版）书脊等细节

图 2-8 《藏区民间所藏藏文珍稀文献丛刊》（精华版）封面细节

《藏区民间所藏藏文珍稀文献丛刊》（精华版）

图 2-9 《藏区民间所藏藏文珍稀文献丛刊》（精华版）书匣

图 2-10 《藏区民间所藏藏文珍稀文献丛刊》（精华版）细节

《藏区民间所藏藏文珍稀文献丛刊》（精华版）是四川民族出版社在 2015 年 9 月出版的精品书，书籍的定位十分明确。

书中展示的是历代高僧的手抄真迹，一些内容还是之前从未示人的珍藏，内容价值极高。主要面向有相关收藏意向的机构和个人，定位高端，定价在 6000 元左右，在书籍设计和制作工艺上的投入较大。本套书由吕敬人先生设计，细节考究，印制精美。为了达到最佳的内容展示效果，全书采用露脊装的方式让每一页的贝叶经图像可以保持原始的阅读状态，在用现代印刷工艺再现传统经典的同时尽量保留传统文化元素，考虑周全，使用贴心。

全书分为三卷，均模拟贝叶经的木匣外形，前后两片硬质封面压紧书芯，再配以藏文以及宗教图案，设计风格极为明确。最外层同样使用厚重精美的书匣，但以大面积的空窗设计露出书本本身的精美状态，起到功能保护和视觉整合的作用。其上印有精美的激凸暗纹，布面材质的肌理效果让读者的触觉感受在摸到书匣的瞬间得到充分激发。精致的烫金文字精美大方，在深红色的书匣上显得极有分量，更加增添了该书质朴而高雅的气质。（图 2-7 至图 2-10）

书口上的图案印制精美，色彩丰富，与书脊和封面形成了视觉上的呼应。在外形上采用了较多的装饰图案和设计元素，但组织合理，层次清晰，有极佳的视觉引导流程，让读者在短时间内接收到大量藏饰风格的图案后不会产生视觉疲劳。这种富于变化又协调统一的视觉效果充分体现了设计师高超的控制力。用通俗的话来说就是“高端大气上档次，低调奢华有内涵”，标准的外有形式，内有乾坤。

文化味极浓的书籍必须有相当的气场来展现自身的风格定位。这在书籍策划时就必须明确。所以，该书对设计师来说有比较高的学习价值。细细品味该书内容与形式完美结合的状态，必定让我们陷入思考：内容是如何影响形式的？有限的空间是如何有序放进如此多的设计元素的？有了思考就是进入了学习状态。

第三节 “有”创意

创意是书籍设计的“灵魂”。以我们已有的知识和经验来理解，创意似乎就是天马行空，创意也不应该有边界，然而仅仅依靠随意的想象，是很难获得好点子的。要想获得既能准确表达书籍内容，又灵气四射的点子可以通过一些科学的方法实现。

图 2-11 《豆腐 · 食谱》

一、抽象与具象

首先，创意就是个极其抽象的概念，它必须凭借物质化或视觉化的呈现才能让读者感受到。而设计师的创意呈现必须经由读者的感官来完成。所以我们的创意可以从视觉、触觉、听觉、嗅觉、味觉几个方面入手寻找书籍设计的创意点。

视觉上的表现是设计师最容易想到的，也是最擅长的，专业能力会引导设计师找到或抽象或具象的视觉表现形式。抽象与具象都是相对概念，对于不同的读者，理解深度会有所不同，需求也不一样。读者往往会因看懂一个抽象图形的“机智”而为自己点赞。愉悦的心情和视觉上的期待可以激发他们继续阅读的兴趣，所以在“似与不似”之间的抽象图形最容易戳中读者的兴趣点。（图 2-11、图 2-12）

图 2-12 *baa,moo,I love you*

具象图形同样具有顽强的生命力。特别是在因文字信息所营造出的抽象概念让读者觉得晦涩难懂时，设计师适时抛出理解消化后的视觉化效果会解救读者于水火。信息的视觉化呈现本就是设计师专业能力的体现，相信这也是不少设计师愿意尝试的创意途径。

触觉上的创意同样是设计师的撒手锏。在千篇一律的纸张中插入一些有特殊触感的材料会让读者感觉很有“手感”，这种信号刺激能给读者留下深刻的印象。比如视觉上和触觉上交替出现肌理效果的书籍，以多层次的感官刺激丰富读者的阅读体验，使其阅读体验更加立体，更加直观。书籍所要表达的主题也会通过这种具体的方式直接传递给读者，抽象和具象间的转换在读者触摸书本的那一瞬间就实现了。

“沙沙”的翻书声，书页合拢的撞击声，空气中弥漫着悠悠的墨香等阅读体验，让读者眼前呈现的已不再是抽象的概念和信息，而是有脉搏、有心跳、有精神、有灵魂的“书籍”。

图 2-13 大面积镂空的内页可丰富读者的视觉层次，但需注意结构强度

图 2-14 《历史的“场”》 方晓风、吕敬人

图 2-14 在外观上很有个性。深灰色的封面、贯穿全书的镂空、富有构成感的布局、裸露的书脊和精心设计的字母，这些“亮眼”的元素一直在提醒读者这本书气场强烈，身份独特。与图 2-13 中的大面积镂空一样，试图用看得见，摸得着的方式来吸引读者的注意力。

二、顺向与逆向

设计思维最怕受到限制，但毫无章法的随意发散也不利于设计方案的落实。紧贴书籍主题可以让我们的设计思路变得有迹可循。

顺向思维寻找创意点是一种常规方法，既合理又容易操作。沿着主题表现的方向，设计顺势展开，按部就班地在书籍写作的线索中提取可以被用于视觉呈现的设计元素，这是创意视觉化的过程。从主题、内容、精神等方面能够找到和提取的元素越多，创意点也就越多。所以设计课程中的头脑风暴法可以被用于书籍设计，只是其牵涉的信息复杂，需要有度的把握。思维发散后要能收拢的标准就是紧扣主题。

通过逆向思维得到创意突破的关键不是如同字面上简单理解的那样“反着来”，而是设计师在审视已有创意发生的思路后，改变看问题的角度，从另一个方向切入问题的创意方法。比如电影在表现悲凉气氛之前有一个欢乐的场面做铺垫，用强烈对比产生更大的落差，以此达到强调的目的，设计亦是如此。表现现代设计主题时引入一个古典元素做对比，通过设计手法让其融入现代设计表现中，这样的设计会让读者感受到古朴的更古朴，现代的更现代。（图 2-15 至图 2-17）

《订单 · 方圆故事》在德国莱比锡 2016 年“世界最美的书”评选上获得唯一金奖。作者李重华，设计者李瑾。该书内容与形式统一，创意让人眼前一亮，虽为平装，但一反常规思维，用中间偏左的装订线将书籍一分为二，左少右多，左右都是切口，两边可以分别翻阅。左侧本该是书脊的部分被截为三段，快速翻动可呈现动画效果。内页图文朴实无华却感人至深，体现出浓浓的人文情怀。

图 2-15 《订单 · 方圆故事》封面

图 2-16 《订单 · 方圆故事》左切口设计

图 2-17 《订单 · 方圆故事》内页

三、借鉴与创新

对优秀书籍设计作品进行借鉴和学习是很有必要的，通过对其分析和解读，将好的设计理念运用于自己的设计项目中，是一个快速提升书籍设计水平的方法。

借鉴不同于抄袭的判断标准在于设计师是否结合自身作品进行创意点的融合，并且有创新性的体现。从这一点来看，我们在学习借鉴中除了“借”的过程，更注重“创”的结果。理念可以“借”，成果却只能通过自己的创造得到。

记得读书时老师语重心长地对我们说：“没有思路你们就多看好作品，多学习，即便是‘抄’，你们也要‘抄’得有水平。”这句质朴的教诲不是要鼓励我们抄袭，它是一种蕴含着学习方法的通俗表达，揭示了“借鉴”这种学习方法的灵魂——创新，唯有创新才可以体现出学习的“水平”。有水平的模仿会成为借鉴，没水平的模仿很可能变成抄袭。创新可以是创造一个全新的事物，也可以是改造一个已有事物以求达到一个全新高度。两者给我们展现出的姿态都是“进步”而不是“原地踏步”或“倒退”。对于抄袭和借鉴我们要严肃区分，坚决抵制抄袭作假，鼓励借鉴创新。（图 2-18、图 2-19）

《中国木版年画集成》

图 2-18 《中国木版年画集成》，切口向右压出现的文字图案

图 2-19 《中国木版年画集成》，切口向左压出现的文字图案

第四节 “清”原则

没有规矩，不成方圆。了解书籍设计的原则，在设计中时刻保持清醒的头脑，会让设计师的工作有条不紊地进行。而原则就是对大方向的把握，没有细化成具体的规则，这也是由设计的特性决定的。由设计师在方向不错的情况下，具体问题具体分析。

图 2-20 《囊括万殊裁成一相：中国汉字“六体书”艺术》（一）

《囊括万殊裁成一相：中国汉字“六体书”艺术》（图 2-20、图 2-21）获第四届中国出版政府奖装帧设计奖，该书选择 50 个常用汉字，分别用 6 种书体来表现汉字由篆书到行书的历史沿革，供美国孔子学院学生摹写汉字，传播中华文化。书页聚则成书，分能为饰，折与分的概念贯穿阅读过程。设计师把教材做成了“高大上”的“艺术类”书籍，形式与内容高度统一，大大拓展了书籍的功能和价值。

图 2-21 《囊括万殊裁成一相：中国汉字“六体书”艺术》（二）

一、形式与内容统一

书籍设计采用的是一种视觉化的呈现形式，而其所呈现出的状态是由设计的内容决定的，即内容决定形式。达到形式与内容的统一是书籍设计形神兼备的前提条件。脱离内容的设计表现形式就只能是一具没有灵魂的躯壳，单纯地为形式而设计会使设计师陷入自娱自乐的境地；脱离设计表现形式的内容也会因缺乏张力，而导致缺少激发读者更深层次阅读体验的必要条件。设计师的整体运筹让书籍成为一个形式与内容达到完美统一的艺术品，这是书籍作者、出版方和读者共同的期待。图文信息富有“感情”，设计表现具有“精神”，书籍的形状、大小、比例、色彩等方面都呈现出独特个性的视觉化形式是书籍内容信息传递达到了更高层次的表现。

二、艺术与技术融合

书籍设计的本质就是将各种信息以引人注目、便于接受的形态展现给读者。这些由设计师根据文字信息设计出的视觉传达作品，融合了他对书籍的认识和观点，在视觉表现上进行了艺术化加工，是兼具感性思维和理性思维的设计活动。书籍设计借助既定条件满足设计预期，是多方因素协调的结果，而既定条件中影响最大的就是技术条件，所以一个成功的书籍设计，它是艺术与技术高度融合的产物。艺术方面更多地体现感性创造，而技术方面更多体现的则是理性创造。印刷、装订、纸张……这些材料与工艺方面的优化配置也是设计创作的一部分。它们同艺术创作一起构成了书籍设计的有机整体，两者结合越紧密，书籍设计的结果就越完美。这是书籍设计需要明确的原则之一。（图 2-22）

图 2-22 玛辛：招贴书，设计：Mirkc Ilic,Heath Hinegardner, 交互式招贴书，内容为玛辛的招贴作品

三、宏观与微观兼顾

设计应从大处着眼，从小处入手。在宏观设计思路的引导下进行细节设计。先整体再局部，先宏观再微观，这让我们的设计有层次，有梯度。

宏观把握的是整体设计风格，微观注重的是细节设计的精巧。只有两者兼顾，书籍设计的整体效果才会显得丰富而饱满。

宏观部分包括对艺术风格的体现、对设计形式的展现、对节奏韵律的把握、对阅读体验的考虑、对纸张材料的选择、对印刷工艺的管控、对装订方式的考量等。微观部分则包括封面封底的设计表现形式、腰封勒口的细节表达、切口部分的精细化处理、天头地脚的系统化设计、章节页码的个性化处理、翻阅检索的细节帮助……

《书艺问道 · 吕敬人书籍设计说》

《书艺问道 · 吕敬人书籍设计说》全书共 460 页，书脊厚度 30mm，16 开异型本（192mm × 245mm），正文用纸分别为 110g 雅萱本白、115g 雅润本白、100g 雅柔米黄，封面用纸为 230g 白色舒展，前后环衬用纸为 120g 大红树纤纹。0.175mmPVC 丝网印刷，普及本锁线装订。该书自 2006 年出版以来已重印 11 次，并出版了韩文版和繁体字版，已成为设计专业工作者和设计院校书籍设计教学使用的教材。（图 2-23 至图 2-25）

图 2-23 《书艺问道 · 吕敬人书籍设计说》，书脊设计细节

图 2-24 《书艺问道 · 吕敬人书籍设计说》，页码设计细节

图 2-25 《书艺问道 · 吕敬人书籍设计说》，封面设计细节

本章小结与思考

一本书推向市场后，读者的接受度成为检验书籍设计工作成功与否的标尺。一份优秀的策划方案是书籍设计成功的关键，书籍设计的策划过程相当复杂，既要考虑书籍的内容质量，又要考虑设计风格；既要满足读者的阅读需要，又要琢磨定价策略；既要追求整体效果的完美呈现，又要考虑材料和工艺的选择和应用……当所有必须考虑的因素都融入了策划中，书籍的“神态”就会慢慢浮出纸面。而当这些“神态”经过设计师的视觉化表现后，书籍的形态就会越来越清晰。

作为一个书籍设计者，我们应该思考自己在整个流程中所扮演的角色和起到的作用。思考该做什么？该怎么做？遇到问题该与哪一方沟通？如何沟通？如何让书籍设计的工作发挥最大效能？

第三章

打造书“形”

052

第一节 书的构造

书的构造是指书的组成要素，即书籍的结构。生活中我们大致将书分为两大类：平装书和精装书。它们在结构上有些区别，但大体相同，精装书对书芯的保护更好，而平装书更轻便。根据不同的需要，一些功能性的构成要素可以加强，也可以省略，我们需要对书的构造有一个直观而清晰的认识。（图3-1）

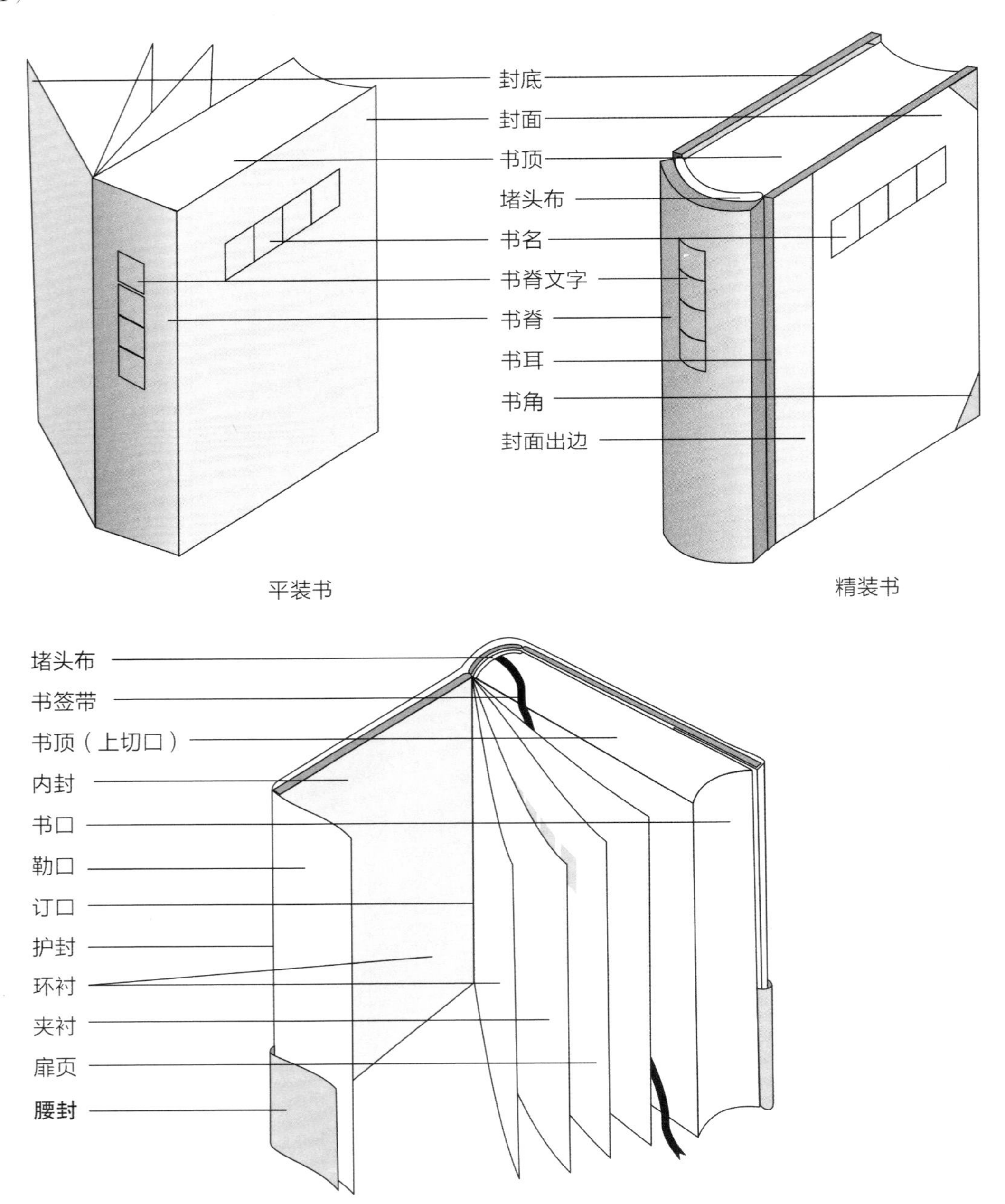

图3-1 精装书结构图解

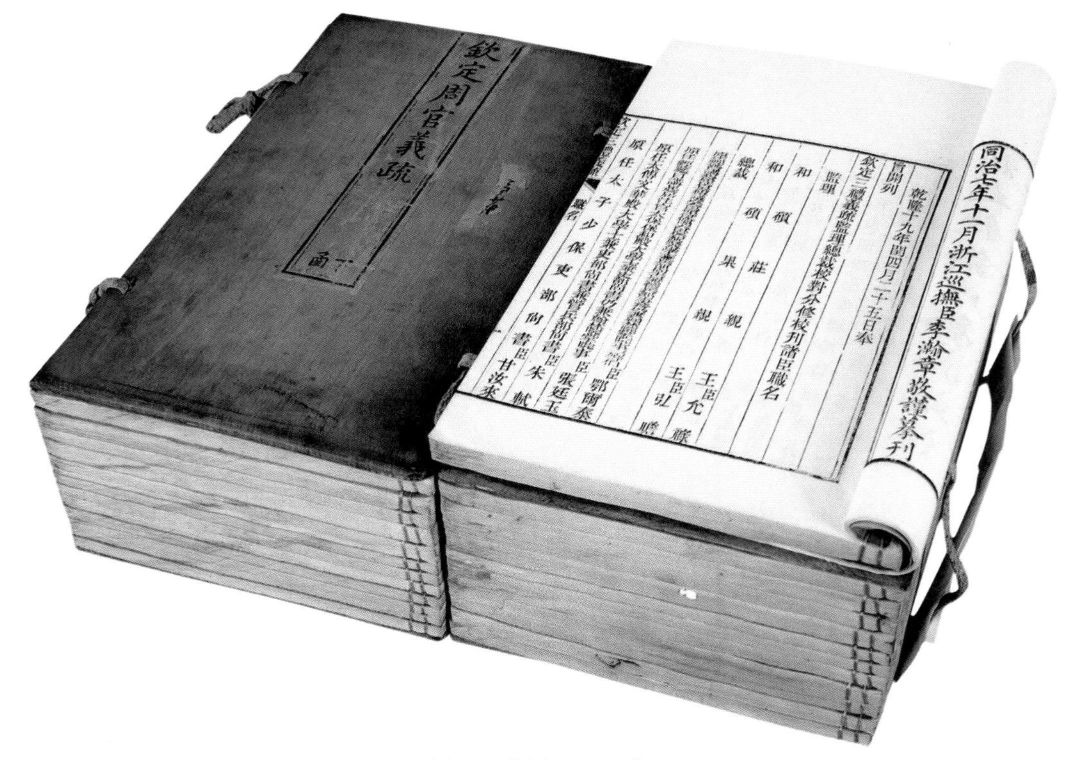

图 3-2 《钦定周官义疏》清

除了图 3-1 中常见的书籍结构以外，还有很多书籍，因为装订风格、出版时期等不同，其形态和结构存在不小变化，我们要清楚地认识的一点是书籍的形态和结构不管如何变化，无外乎满足两个方面的需求：便于阅读，利于保存。

不管遇到何种形态和结构的书籍，只要认识到这一点，我们都能将它分析透彻。在遇到不懂的有关书籍形态和结构方面的名词和称谓时，我们可以马上翻书或在网上查阅相关资料，这也是一种乐趣。

图 3-2 为中国古代线装书，各部分结构与现代书有相通之处，但也有其独特的地方，比如封面与封底的位置同现代书相反。成套的线装书为了整理和保存方便，用“书札”将上下压紧，这种构造由来已久，很有时代特色。与这一种功能相似的结构还有“函套”，现代书也大量采用。

类似的奇特结构还有很多，这里不再一一介绍。

第二节 塑造“外形”

书籍的外在形态是指书籍的规格尺度、纸张质感、体量大小、风格样貌等。书籍的“外形”经由设计师进行精心打造而最终呈现，在设计时需要考虑的主要因素有以下三个方面。

一、开本与尺寸

开本与尺寸主要依据书籍的具体内容而定，同时，纸张的大小也是影响设计方案的因素之一。设计师与设计委托者、出版社编辑经过前期沟通与协调明确设计定位及要求后确定开本尺寸和制作工艺等，作为预先计划，这些都应考虑在内。（图 3-3）

了解**纸张规格**是书籍开本设计中的重要内容，常用纸张有正度纸（787mm × 1092mm）和大度纸（889mm × 1194mm）两种。印刷过程中纸张基本尺寸比印刷完成尺寸略大。

（一）常见开本

开本是指书籍幅面的大小，即一张全开的印刷用纸可以等大地裁切成多少页。如 32 开，即一张全开纸可以切割为相等的 32 页。常见的有 16 开（多用于杂志）、32 开（多用于一般书籍）、64 开（多用于中小型字典等）。在需要强调纸张规格时，我们通常把它们称为“正度 ※ 开”“大度 ※ 开”“异型 ※ 开”。

（二）纸张开切的方法

纸张的开切一般是以几何级数为依据。如一张全开纸，在二分之一处进行裁切，得到的两张纸即为对开，以此类推可获得 4 开、8 开、16 开、32 开……（图 3-4）

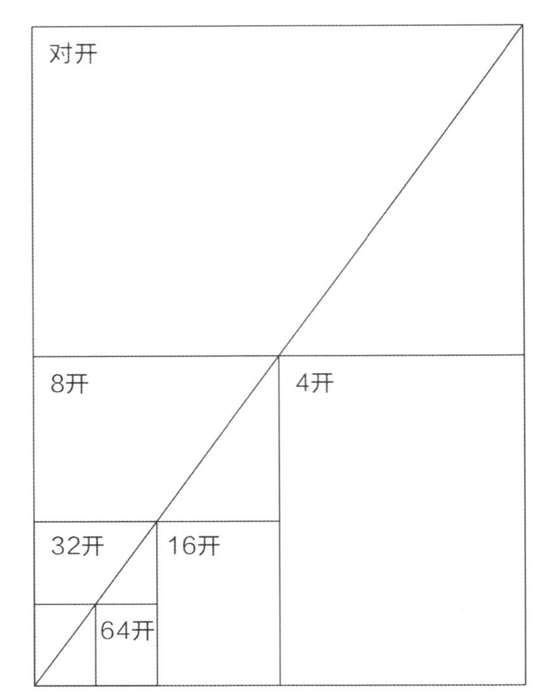

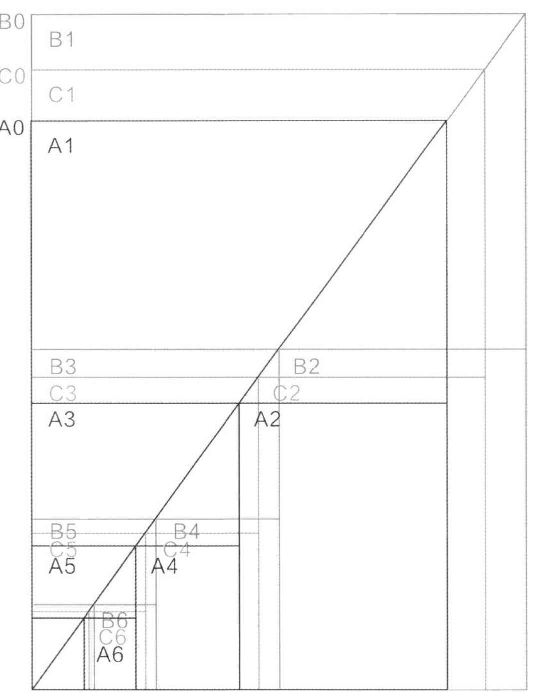

图 3-3 纸张开切方法和国际标准纸张尺寸对比

ISO 216 国际标准定义出 A、B、C 三个系列的成品纸张尺寸，同张比例相同，图案缩放无边缘裁切问题，相邻号数的纸张面积相差 1 倍。A0：841mm × 1189mm；B0：1000mm × 1414mm；C0：917mm × 1297mm。

常见纸张开切

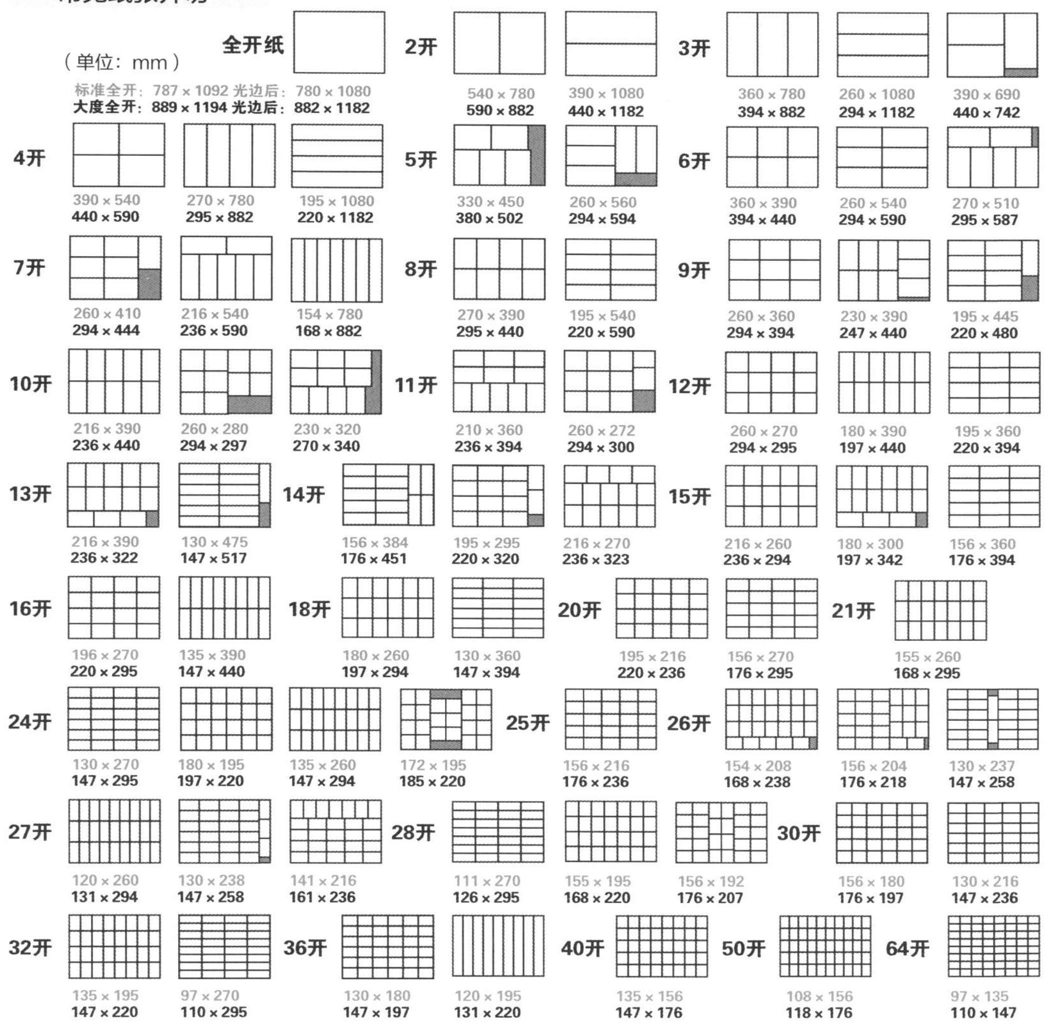

图 3-4 常见纸张开切

常见图书开本尺寸（净）

（单位：mm）

正度对开	736 × 520	大度对开	840 × 570
正度 4 开	520 × 368	大度 4 开	570 × 420
正度 8 开	368 × 260	大度 8 开	420 × 285
正度 16 开	260 × 185	大度 16 开	285 × 210
正度 32 开	184 × 130	大度 32 开	203 × 140
正度 64 开	126 × 92	大度 64 开	148 × 105

纸张的定量

简单地说，纸张的定量就是纸张单位面积的重量，单位用 g/m^2 表示。超 $300g/m^2$ 就称“纸板”，反之就称“纸”。印刷纸的计量单位有令、方、件、吨。**500 张为一令。**

印张

书籍出版用语，可以由此知道印一本书的用纸量。一张纸有正反两个印刷面，印张规定一张全开纸的一个印刷面为一印张。**总面数 ÷ 开数 = 印张。**

图 3-5 《大过羊年》，该书为合订的 12 张海报，留有裁切线便于撕下，展开后画幅较大，硬质封面未覆膜，便于降解，绿色环保，为提高保护功能，外面增加瓦楞纸做的函套，独特而质朴。

二、材料与装订

经过设计师的精心编排之后，使用何种材料进行印刷与制作，采用哪种装订方式能够让整本书的内涵得到彰显，是书籍设计实现过程中不可忽视的重要环节。（图 3-5）

（一）常用材料

1.封面常用材料

精装书封面常采用硬纸板做内里，然后在外面覆以特种纸、织物、海绵或皮革等，硬质的封面对图书能起到更好的保护作用，有利于书籍保存。而平装书则多使用普通白卡纸或铜版纸进行印刷，再加以覆膜等方式进行封面制作。

2.环衬材料

环衬是用于连接书封与书芯的页面。与封面相连接的叫前环衬，与封底相连接的叫后环衬。环衬同时也起到封面和扉页、正文和封底的过渡作用。在功能上，其主要是起到增加封面韧性、挺度，加强封面与书芯纸张连接性；在图案设计方面，环衬多以重复排列的图案构成，一般是与书籍整体设计风格相统一或是根据书的内容提炼出的象征性图案，也有很多书籍的环衬选用特种纸，不设计任何图案，借助纸张的本色烘托书籍的内容，起到装饰美观的作用。环衬一般采用铜版纸、胶版纸、特种纸等进行印刷和制作。（图 3-6）

3.内页用纸

书籍内页印刷用纸一般采用双胶纸（双面胶版纸）、铜版纸等，但随着社会的发展和经济水平的提升，设计师眼界更加开阔，印刷用纸的选择空间也随之增大，如一些环保再生纸、特种纸等也开始用于书籍的印刷中。这些具有特殊颜色、质感，甚至气味的纸张给读者带来了新鲜感，不仅刺激着读者的感官，同时也进一步丰富了书籍的内容表达。

4.其他

一些工具用书，如字典、词典等，则采用的是字典纸。另外，可再生纸及一些特种纸的使用也越来越受到设计师和读者的欢迎。但应注意的是，无论是封面还是内页，在选择印刷和制作材料时都应满足符合书籍内容风格这一前提条件，选择“合适”的纸张才是根本。脱离内容主题，而一味选择“新”“奇”“怪”的材料，反而会哗众取宠，对书籍内容的表达起到反作用。

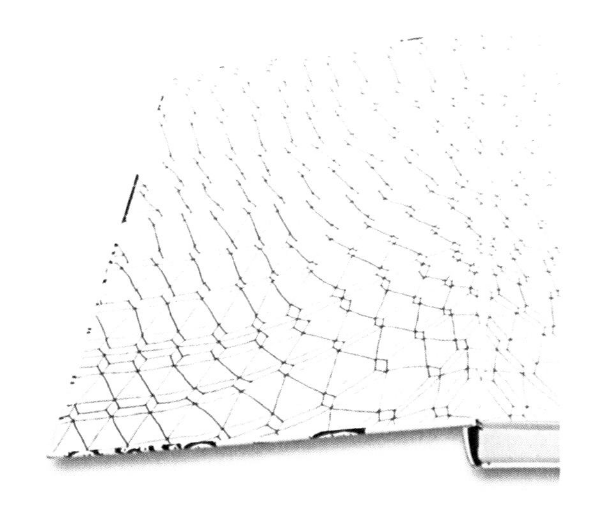

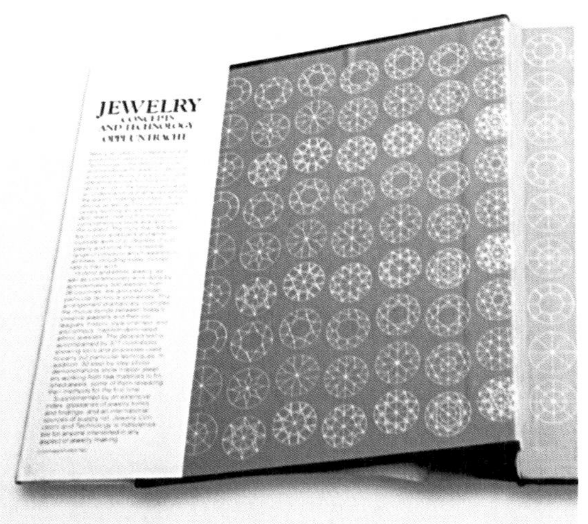

图 3-6 环衬（上）*Des Wahnsinns fette Beute the fat booty of madness*，（下）*Jewelry Concepts And Technology*

（二）装订方式

装订是将已经印刷的散落的书页或纸张串联起来，形成一个可供阅读的册子。装订的方式多种多样，针对不同的书籍风格可采用不同的装订方式，无论是精装书还是平装书其装订方式都各有不同。（图 3-7 ）

1.平装书常用装订方式

（1）胶装：印刷中常用的术语，在书脊背位置刷胶水，再把封面粘合上，最后按照成品尺寸裁切即可，胶装分为有线胶装和无线胶装。

（2）骑马订：用铁丝钉从书籍折缝处穿进里面，将其弯脚锁牢，把书帖装订成本，采用这种方法装订时，需将书帖摊平，搭骑在订书三脚架上，故称骑马订。骑马订不适用于过厚的书籍。

（3）平订：将印好的书页经折页、配帖成册后，将配好的书帖相叠后在订口一侧距边缘 5 mm 处用线或铁丝订牢，钉口在内白边上。

（4）锁线装：指的是用针、线或绳将书帖钉在一起的装订方法。

2.精装书常用装订方式

精装书常用的装订方式有：柔背装、硬背装、腔背装。

机器印刷的普及及各种制作装订方式的使用虽然提高了书籍设计的效率，使书籍成型更加规整，但是这样极度的理性与整齐使人与人之间逐渐疏离，人们越来越渴望那些带有“温度”与“人味儿”的手工书籍。手工装订的创造性和个性给读者带来的阅读体验是独特且令人向往的。

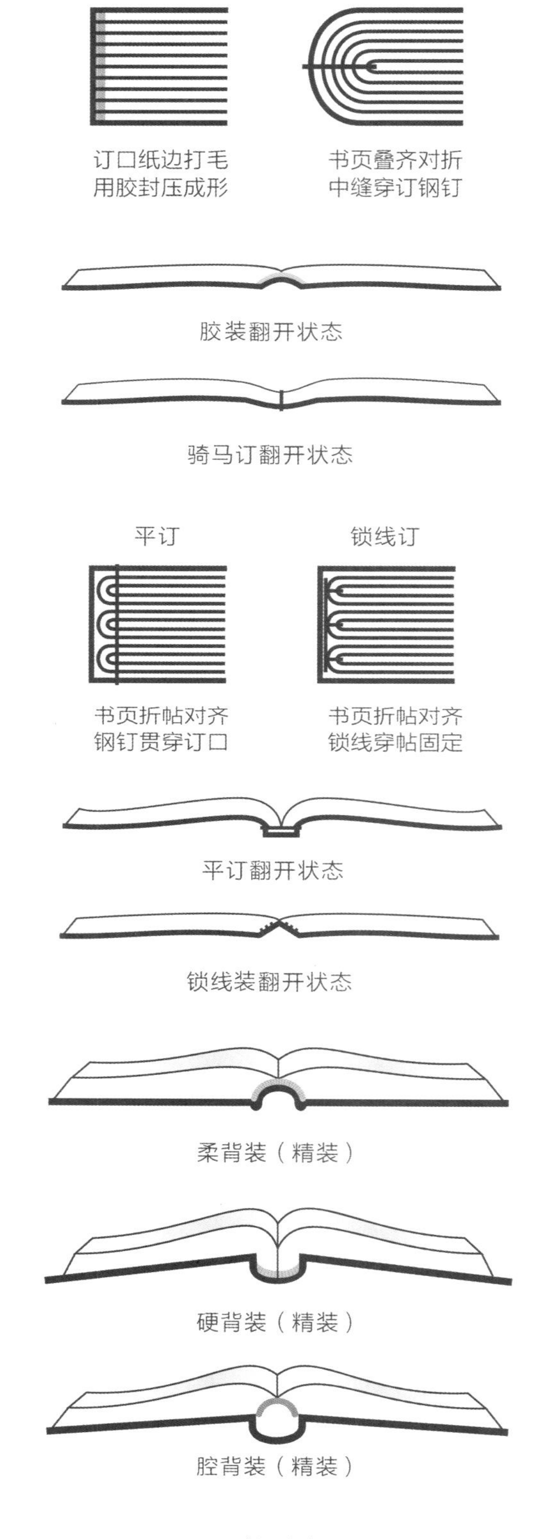

图 3-7 装订方式图解

图 3-8 年代久远的精装书

图 3-8 是一本年代久远的精装书，从外形来看同现在的精装书区别不大，只是颇有些老旧。发黄的书页表明其使用时间已经很长；书根处书页不整齐，说明该书的使用频率较高；书帖之间已经松动，出现参差不齐的状况，但书页未散开，说明装帧质量较好。另外，从书角磨损的严重程度能看出，正是因为精装的原因才能使该书保存至今，这也从侧面反映出精装对书的保护较好，体现了精装的价值。书角是精装书最容易损坏的地方，所以有些精装书会加强对书角的保护。书籍设计采用何种装订方式要充分考虑该书的用途和使用情况，然后给出一个恰当的解决方案。（图 3-9）

图 3-9 左图为 2012 王家卫映画展册子，是需要手工完成的线装册子；右图为车线装，借助机器完成，速度快但只适用于较薄的书籍

三、印刷与工艺

书籍内容的物化离不开印刷与工艺。高质量的印刷和工艺对书籍的整体效果有“助推”作用。学习这部分内容是为了了解什么样的印刷与工艺可以帮助我们实现设计效果。反过来，懂得印刷与工艺才可以使我们更高效、合理地完成设计工作。我们要懂得如何正确选择印刷方式和工艺,很多时候这关系到是否能正确高效地打开设计思路。(图3-10、图3-11)

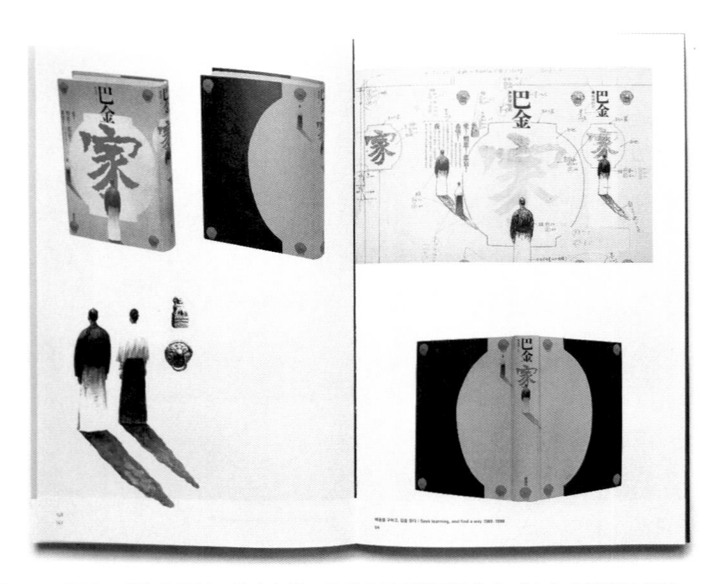

图 3-10 收录于《法古创新 · 敬人人敬：吕敬人的书籍设计》的《家》书籍设计思路

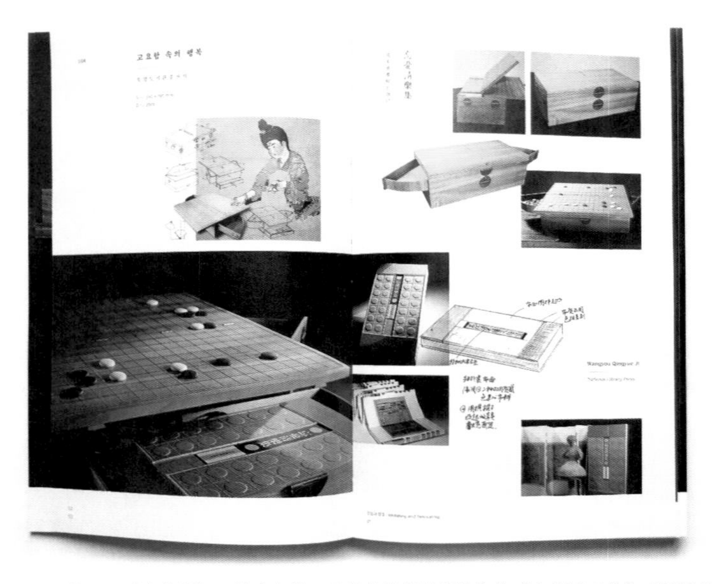

图 3-11 收录于《法古创新 · 敬人人敬：吕敬人的书籍设计》的《忘忧清乐集》书籍设计思路

印刷工艺案例

（一）印刷方式

1.印刷的三个阶段

（1）**印前**指排版、输出菲林、打样、校对等准备工作，这是设计师参与较多的一个环节，设计师必须与负责印前准备的技术人员充分沟通，让他们完全了解设计意图和所要达到的预期效果，在遇到问题时，需及时提出解决问题的方法，不能把问题留到印刷过程中。

（2）**印中**印刷书籍内容、质量控制、跟色确认，这个阶段设计师不需要过多参与。

（3）**印后**指印刷完成后，对印刷品进行加工，包括覆膜、过 UV、过油、烫金银、击凸、装裱、装订、裁切等。此阶段设计师可以检查工艺是否达到预期效果，对有问题的环节及时提出整改要求。（图 3-12）

2.书籍印刷常用方式

（1）**平版印刷**是书籍印刷中最常用的一种，其具有印刷速度快、印量大、质量好等优势成为大多数书籍印刷选用的方式。运转速度极快的平版印刷机出现时间并不长，发展却相当成熟。

平版印刷印版上的图文部分与非图文部分几乎处于同一个平面上，在印刷时，用油水分离的原理将印版上的油墨转移到橡皮布上，再利用橡皮滚筒与压印滚筒之间的压力，将橡皮布上的油墨转移到承印物上，完成一次印刷，所以，平版印刷是一种间接的印刷方式。

图 3-12 《诗经》，烫印白色，设计：刘晓翔

（2）**数字印刷**是近 20 年来新出现的印刷技术，这种印刷技术不需要印版，通过利用光电技术在滚筒上直接生成可以附着油墨或墨粉的图案，然后转印到承印物上。它省去了输出菲林和制版的过程，不仅节省了时间，并且还可以按需印刷，是目前比较有发展前景的一种印刷方式，常规效果媲美传统印刷，更因其灵活的工作方式被越来越多的人所接受。数字印刷的缺点是单价相对较高。传统印刷在印量较大时有一定的价格优势。

（3）**凸版印刷**曾是书籍的主要印刷工艺。我国唐代就已出现雕版印刷技术，在木板上雕刻出需要印刷的图文，剔除非图文部分使图文凸出，然后涂墨，覆纸刷印，这是最原始的凸印方法。现存有年代可查的最早印刷物是《金刚般若波罗蜜经》。现代凸版印刷的印版已经改为复合材质。凸版印刷的速度远不如平版印刷，并且这种直接印刷的方式使印版的磨损比间接印刷快。一些追求特殊艺术效果且印量不大的书籍可以选择这种方式。

印刷作品欣赏

（二）印刷工艺

1. 凹凸压印

凹凸压印又叫作凸纹印刷，多用于装饰封面，是一种特殊加工工艺，它不使用油墨，而是直接使用凹凸模具，在压力的作用下，使印刷品基材发生塑性变形，从而对印刷品表面进行艺术加工。压印的各种凸状图文和花纹，显示出深浅不同的纹样，具有明显的浮雕感，凹凸起伏的图文效果能给读者带来一种特殊的触觉感受，能提升书籍整体的艺术效果，这些都是此项工艺技术的优势。（图 3-13）

图 3-13 凹凸压印效果立体感强，但图形不宜复杂

2. UV印刷

UV 印刷是一种通过紫外光干燥、固化油墨的一种印刷工艺，需要将含有光敏剂的油墨与 UV 固化灯相配合。UV 印刷工艺主要是指使用专用 UV 油墨在 UV 印刷机上实现局部或整体的 UV 印刷效果，其不仅可以用于纸张和纸板，还可以用于各种各样的承印材料，包括低吸收性的或非吸收性的材料（塑料、箔、金属和热敏材料）。

一般是在平版印刷的基础上对封面图形的细微和精到之处进行 UV 印刷，因此行业内一般把这道工艺叫作“过 UV”。过了 UV 的区域有一层浅浅的凹凸感，并且具有亮光作用，通过这种方式对封面的精彩图形和文字的部分进行强调和点缀，不仅增加了层次感，还使设计在印刷工艺的衬托下更加完整和丰富。（图 3-14）

3. 电化铝烫印

电化铝烫印俗称“烫金”“烫银”等，一般用于精装书的封面上。烫印的实质就是转印，是把电化铝上面的材料通过热和压力的作用转移到承印物上面的工艺。当印版随着所附电热底版升温到一定程度时，隔着电化铝膜与纸张进行压印，受温度与压力作用的影响，附在涤纶薄膜上的胶层、金属铝层和色层即可转印到纸张上。（图 3-14 至图 3-16）

图 3-14 《疾风迅雷——杉浦康平杂志设计的半个世纪》封面 烫金与 UV 效果

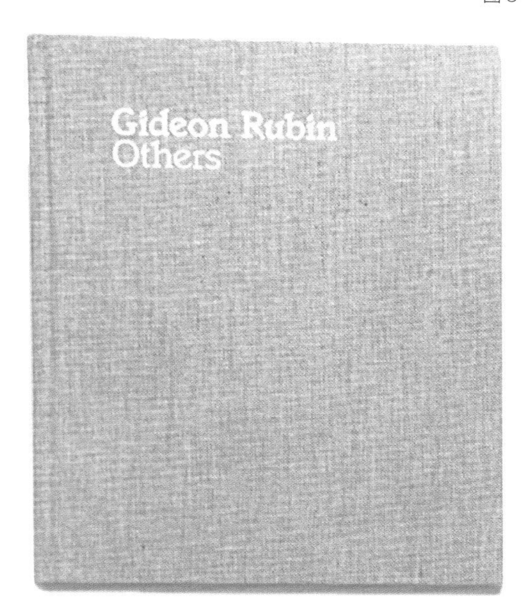

图 3-15 *Gideon Rubin Others* 白色电化铝工艺的书名

图 3-16 具有金属光泽的精致图标能提升设计品质

4.覆膜

覆膜，又称“过塑”，是指通过热压将透明塑料薄膜覆贴到印刷品表面，以起保护及增加光泽的作用。覆膜属于印后加工的一种主要工艺，是将涂布黏合剂后的塑料薄膜，与纸质印刷品经加热、加压后黏合在一起，形成纸塑合一的产品，它是目前常见的纸质印刷品印后加工工艺之一。经过覆膜的印刷品，由于多了一层薄而透明的塑料薄膜，表面更加平滑光亮，不但提高了印刷品的光泽度、延长了使用寿命，同时还起到防潮、防水、防污、耐磨、耐折、耐化学腐蚀等作用。如果采用透明亮光薄膜覆膜，覆膜产品的印刷图文颜色更鲜艳且富有立体感，特别适合绿色食品等商品的包装，能够使人们增强食欲和产生消费欲望。如果采用亚光薄膜覆膜，覆膜产品会给消费者带来一种高贵、典雅的感觉。因此，覆膜后的包装印刷品能显著提高商品包装的档次和附加值。

图 3-17 覆膜效果

书籍封面覆膜后可以起到一定的防水作用以保护纸张，同时，封面原本的图文色彩在覆膜的作用下显得更加光亮和鲜艳，因此经常被用于书籍设计印后工艺中。

如图 3-17 所示，生活中能看到许多书籍封面像这样反光、防水、有韧性、防剐蹭。覆膜工艺确实对纸质书籍起到了保护作用，优点十分明显。

但同时我们也需要知道，覆膜的纸张不便于回收再利用。目前，市面上的覆膜材料大都为塑料，不易降解，在回收纸重新被制成纸浆的过程中，混在里面的塑料薄膜会造成麻烦，所以这部分被覆膜的纸张不宜进入回收线。不仅仅是覆膜的纸张，大多数复合材料都不便于回收处理，因为它们极难被分解，所以环保人士常呼吁人们减少对复合材料的使用。

5.模切

模切是印刷品后期加工的一种裁切工艺，模切工艺可以把印刷品或者其他纸制品按照事先设计好的图形制作成模切刀版后进行裁切，从而使印刷品的形状不再局限于直边直角，可以制作出多种形态的裁切样式。

模切工艺案例

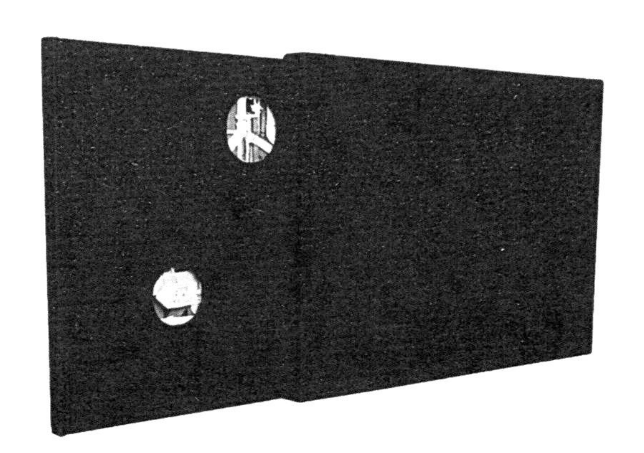

图 3-18 书籍设计中模切效果的运用

图3-18、图3-19的模切工艺相当复杂，从封面到内页，多页连续大面积镂空，这些效果都需要模切工艺来完成，虽然该模切图案较复杂，但多为几何形状，因此保证了这项工艺的可实施性。另外，页面大面积镂空，纸张强度会大幅降低，因此必须选用较厚的纸张。从设计的角度来讲，纸面镂空意味着空间的延伸，需要考虑的空间关系和位置关系等因素增多，不仅要考虑单页的视觉效果，还要考虑双页甚至多页套叠后的版式效果，所以难度会相应增加。

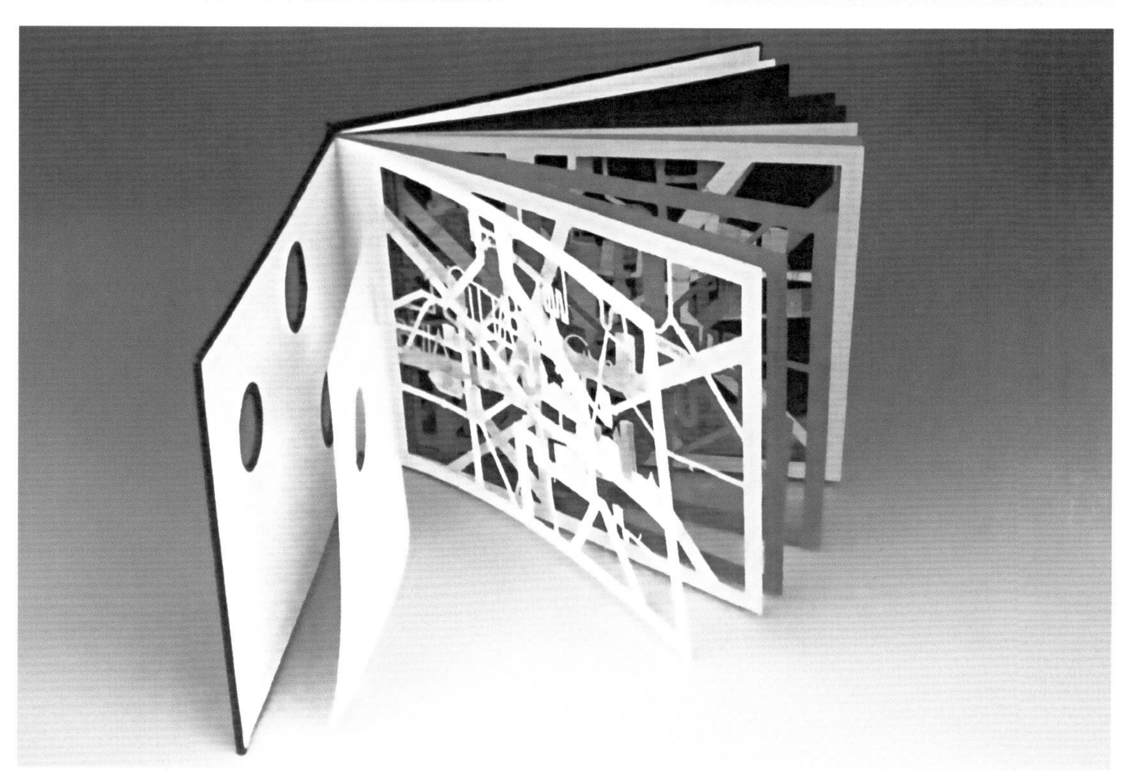

图 3-19 书籍设计中模切效果 多层叠加

第三节 雕琢“细节”

书籍设计需要应对的内容和细节繁多，如封面封底设计、内页插页设计等，既需要充满创意的设计构想，也需要对设计细节精雕细琢。

一、封面、封底和书脊

从印刷材质来讲，封面一般分软质和硬质两种，其在功能和结构上主要起到保护内页的作用，在书籍视觉传达方面则起到点明主题、确立风格的作用。

（一）封面

文字、图形、色彩是构成封面的三个基本要素。书名、作者名、出版社名是在设计封面时不可或缺的构成要素。

在对文字进行设计和编排时，应强调和突出书名，以起到视觉核心、突出重点的作用。作者名和出版社名在版面中的位置仅次于书名。

在进行图形设计时应将封面、封底、书脊作为一个整体来考虑，整体布局，注意主次和节奏关系。

封面的色彩倾向能在第一时间传递给人情感温度，或热情，或冷峻，或神秘，靠的是设计师对书籍内容的准确把握。

图 3-20 *Low Fat book* 封面和书脊

（二）封底

定价、条形码是书籍封底的必要构成要素。书籍的定价和条形码一般放在封底的右下角，而杂志的则是放在封面的左下角。

除此之外，还可根据书籍的类别，在封底上放一些符合各自特点的文字信息。如在教材类书籍的封底上放系列丛书的其他信息，但这些文字一般不进行过多设计，应简洁而工整地摆放在适合的位置上，以起到信息传递的作用。

图 3-20、图 3-21 设计别具一格，封面展示了书中所收集的图案、插图和动态影像。看似喧闹，但实际上这些图形元素被看得见和看不见的纵横线条串联起来，形成秩序，体现层次。杂乱中又有一定规则就是其设计细节的表现。封面、书脊、封底由硬塑料包背裱糊，用“光栅立体画”的形式表现图案，视觉冲击力强。

图 3-21 *Low Fat book* 展开

（三）书脊

书脊是连接封面和封底的桥梁，同时，在书架展示时，也起到了信息传递及广告作用。因此在设计封面时，应该将书脊作为一个整体进行考虑。系列丛书中，书脊设计还可以有更加充分和更具创意的发挥空间。

Low Fat book

书脊的文字内容应包括书名、出版社名，如果版面允许，还应加上作者名或译者名，也可以加上副书名、丛书名等。在设计时，也要和封面一样，把握好书名、作者名、出版社名三者的主次关系，不要因为其面积尺寸小而忽略设计细节。

值得注意的是，一般情况下，无论文字、图形、色彩如何构成，封面的主导性都是不容动摇的，封底处在从属于封面的位置。因此，在设计过程中，无论文字数量有多少，图形的位置如何摆放，都应考虑这一点。

图 3-22《书戏：当代中国书籍设计家 40 人》封面，设计：吕敬人

该书从封面正中一分为二，可左右翻开的半页增加了书籍的趣味性，形式感也陡然增强，它突破了以往书籍封面的常规样式，对书籍设计提出了新的思考和带来了新的启发。下面这段摘自《书戏：当代中国书籍设计家 40 人》序言中吕敬人先生的话很具有代表性。“书籍设计师们开始对尊重书籍文化概念和书籍新审美意识有了多元的认同：书籍不应该是一个固定不变的形态模式，设计也不仅仅是为书装扮一件漂亮的外衣，更重要的是设计师以文本为基础的再创作，进行由表及里的整体思考，从内容到形态，从封面到正文，从编辑概念到物化过程……运用独到的设计语法，传送风格迥异的书籍视觉语言，努力编织出一本本令读者读来有趣、受之有益的纸面阅读载体，乃至于收藏，传承后人。”（图 3-22）

图 3-23 《天一流芳》书脊

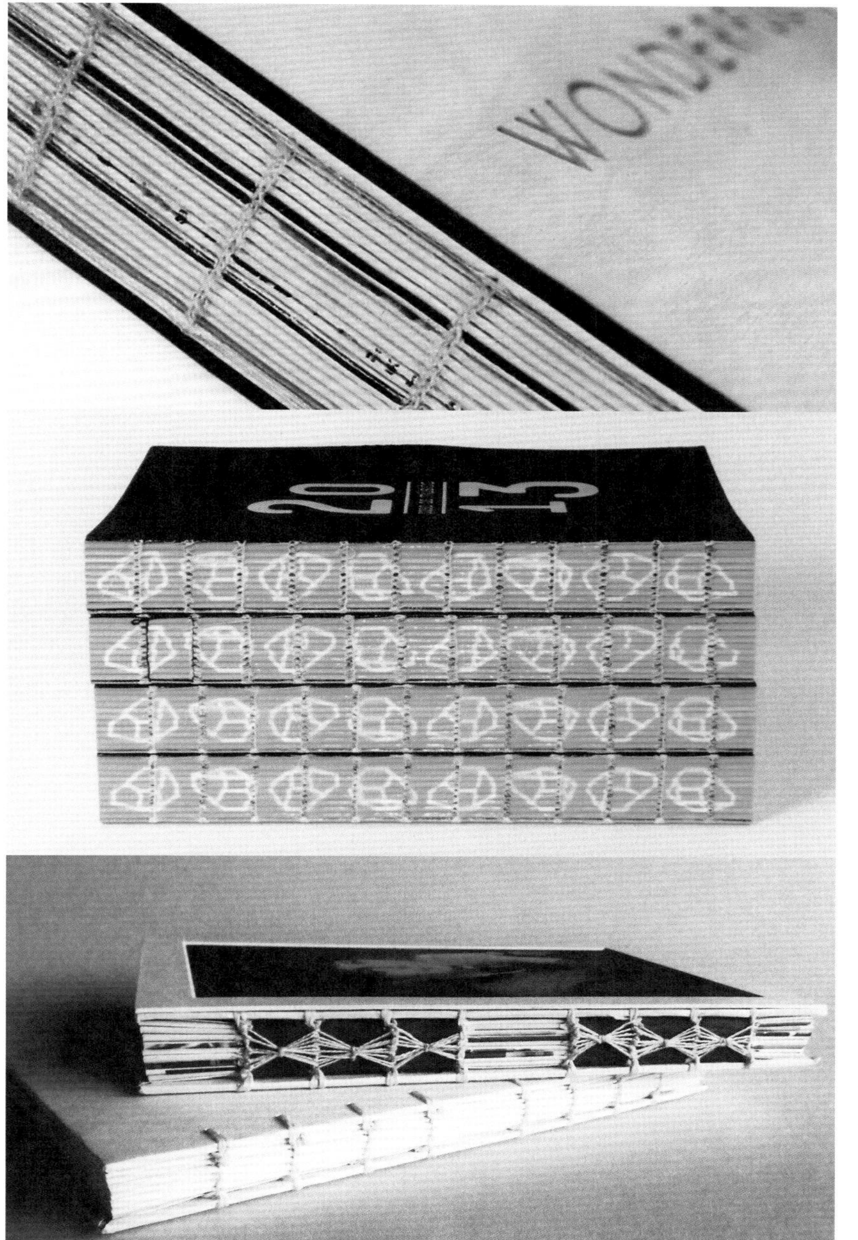

图 3-24 裸脊装的多种状态

知识拓展

书脊是书籍的第二张脸。设计师可以在书脊上施展自己的专业能力，但是不管如何发挥都要以书的整体风格为前提。

如图 3-23 中的书脊是一种比较传统的常规设计方式——色彩、图形、文字等信息在方寸之间尽显该书的身份和风格。

此外它也可以是保留出锁线装订后的原始状态，即我们平常口中说的“裸脊装”。当然我们也可以精心设计裸露的书脊，如图 3-24 中下面两款书脊，就是精心设计出来的特有图案。仔细观察就能发现它的精妙之处。

该书脊上虽没有文字，即使排列在书架上，读者依然会被它独特的“露背”造型所吸引。看过一次，便印象深刻，如需再次翻阅，一眼就能准确定位到它。

二、环衬

前文已在书籍结构中简单介绍了环衬的位置，这里我们主要介绍它在书籍设计中所起到的作用：第一，连接封面和书芯，起到保护书芯，使书芯不易受损并加强书芯与封面连接的牢固性作用；第二，起到烘托书籍内容氛围的作用。环衬可以是空白页，也可以印有与整本书风格相符的设计图案。（图 3-25）

三、扉页

扉页印有书名、作者名、出版社名，文字信息明确，一般给人一种简洁清爽的视觉感受。其起到为即将开启的阅读做好铺垫的作用。（图 3-26）

四、目录

目录是指书籍正文前所载的目次，是揭示和报道图书的工具，按照一定的次序编排而成。在字体的选用和文字的编排上，应注重信息获取的便捷性、可读性与准确性，以方便读者能快速找到对应章节内容所在的页码。

环衬、扉页、目录三个部分的设计从视觉上连接了封面与正文两个部分，图 3-27 的风格在这里应该得到体现，扉页和目录应该成为设计重点的一部分，其也很可能成为该书籍设计的一大亮点。

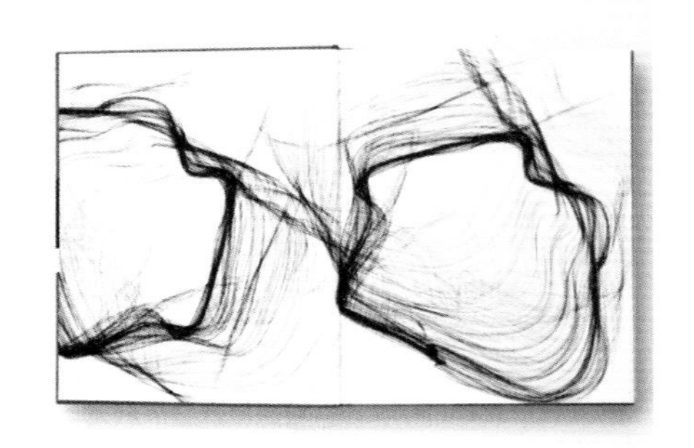

图 3-25 环衬设计相对简洁，从内容上来讲是“虚”的部分

图 3-26 《型格：书与宣传册》扉页

图 3-27 《型格：书与宣传册》目录

五、内容页

内容页是指书籍的正文部分，是书籍结构中体量最大的一部分。它包含了主体文字、页眉、页码、注解。注重版面的位置经营，是内容页设计的关键。其中页码、页眉为体现设计风格的部分。书籍整体设计风格在内页中的体现就要依靠这些细节。内容页中的图注规范是初学设计者容易忽略的地方。图注添加的格式需要统一，编号需规范。面对大量的文字和图片内容，设计师要以一个相对规范的版式进行协调，使版面既统一又富于变化。

六、篇章页

篇章页是指正文各篇章起始之前，印有篇章名称的页面。我们习惯上将篇章页安排在单页码上，其前一页（双页码）留白，并作暗码处理。但是，现在部分书籍并没有严格遵守这一原则，在设计形式上有所突破。在视觉设计上应注意对章节信息的强调，版面内容尽量简单，起到调节阅读节奏的作用。（图 3-28）

图 3-28《范曾谈艺录》书函、封面、篇章页、内容页　设计：吕敬人

图 3-29 《虫子旁》插页设计，翻开右边的插页，背面的页面上有温馨提示“以下页面可能引起您的不适，请谨慎翻阅”。

七、插页

插页是指凡版面超过开本范围的、单独印刷插装在书刊内、印有图或表的单页。精巧的设计展开后会给读者留下深刻的印象，也会成为整本书的一大亮点。插页不宜多用，只在确实需要的地方插入即可。（图 3-29）

八、版权页

版权页一般放在扉页的背面。版权页文字大多编排在页面下方和靠近书口处。版权页文字书名字体略大，其余文字略小分类排列，可以运用线条分栏对文字信息进行梳理编排，以起到规整和美化作用。在设计版权页时不宜加入过多元素，这样会分散读者的注意力，结构紧凑，重点突出，疏密安排得当即可。

九、勒口

勒口亦称飘口、折口，是指书籍封皮的延长内折部分。编排作者或译者简介，同类书目或与本书相关的图片以及说明文字，也有空白勒口。一些简装书会将勒口延长到中缝处。这

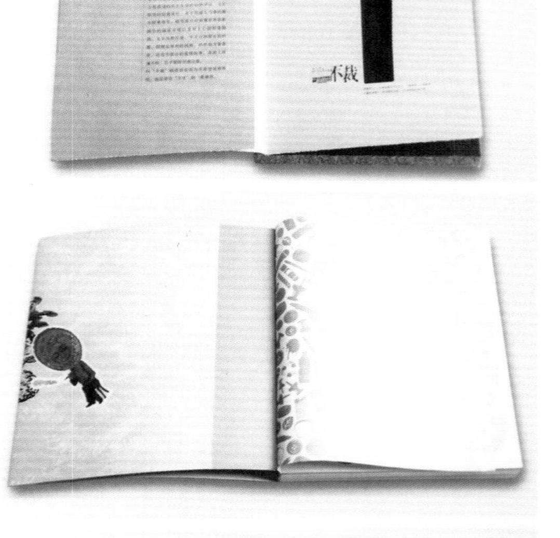

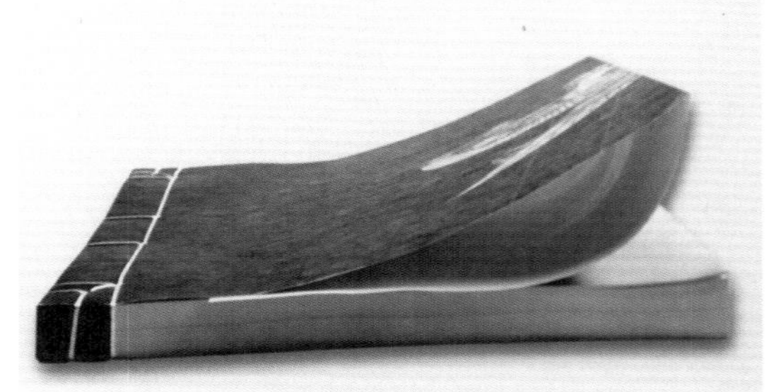

图 3-30 《不裁（上）》，*Illustration Play*（中），《曹雪芹风筝艺术（下）》

样做可以加强封面的结构强度，特别是对于一些较厚的简装书来说，只增加一点纸张成本，就能提高封面对书芯的保护功能。但并不是所有简装书都必须有勒口，页面较少的简装书一般没有勒口，页面较多但已经设计了护封的简装书封面上一般也没有勒口。（图 3-30）

十、护封

护封即书籍封面外的包封纸，可单独取下，印有书名、作者名、出版社名和装饰图画，作用有两个：一是保护书籍，使之不易破损；二是可以装饰书籍，以提高其档次。在护封完全遮挡住内封的情况下，护封实际就成了该书的“脸面”，所以护封的设计风格要与封面保持一致，但内容可以更加丰富。护封折入内封之内的延长部分，实际上就充当了勒口。所以可以在护封上增加更多广告或其他宣传信息。（图 3-31）

十一、腰封

腰封也称“书腰纸”，是包裹在书籍封面中部的一条纸带，属于外部装饰物。腰封一般选用牢度较强的纸张制作，包裹在书籍封面的腰部，其宽度大致是图书高度的三分之一，也可更大些；长度不但要包裹封面、书脊和封底，而且两边还要各有一个勒口。腰封上可印有与该图书内容相关的宣传、推介性文字。腰封的主要作用是装饰封面或补充封面表现的不足，一般多用于精装书籍。（图 3-31）

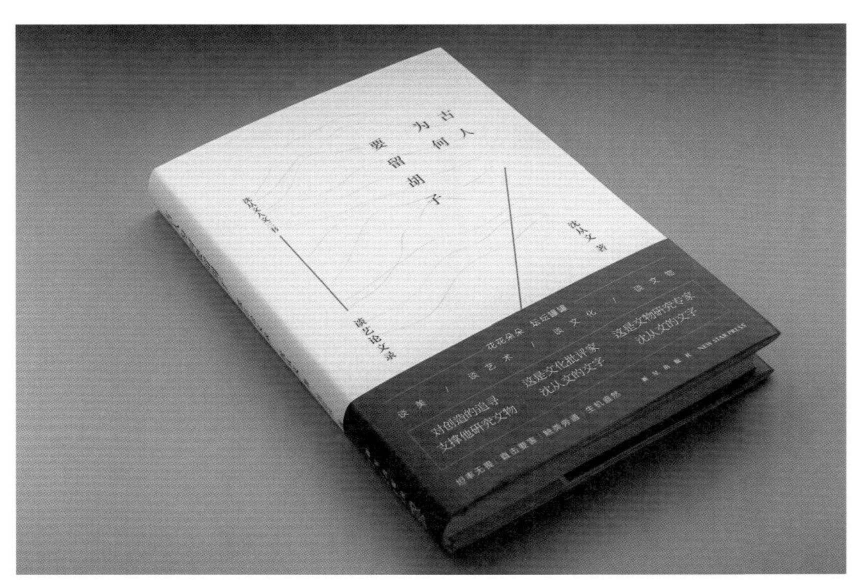

图 3-31 《古人为何要留胡子》精装本，该书既有护封又有腰封，风格简洁有构成感

第四节 设计实践

本节为大家介绍一些学生实践案例，并讲述相关案例的操作过程，虽然这些作品不是那么成熟，但能让读者更加清晰、直观地学习到在设计中应当注意和避免出现的问题。相信，这些案例经过反复打磨，修改提高，会变得更好。在实践中获取经验和教训是理论学习不能替代的。

在实践教学中，我们要求学生找一本自己喜欢的已经出版的书对其进行“再设计”。有了一个明确的对象，就有了完备的文字素材，接下来只需要对文字进行整理和转化即可。插图、版式、内页结构、色调等则需要同学们根据自己的思路重新进行设计。

对已有书籍进行“再设计”，可以提高学生的宏观思维能力，即把握好整个设计工作的设计方向及设计节奏和设计风格。必须使自己的设计作品在某个方面比原作有更多的突破或更恰当的表现，才能够体现出该“再设计”作品的价值。让学生在设计过程中建立起书籍设计的整体观念，清楚自己在每一个环节该干什么，该怎么做，遇到问题该如何解决。

首先，对选定的书籍进行市场调查是为了给设计策划提供准确参考，进而对设计方向作出准确的判断。需要同销售人员、卖场工作人员、读者等进行接触和交流。同时，书籍设计者对书籍的内容要有一个全面的了解，通读全书内容甚至与作者沟通和交流都是有必要的。只有自己读懂了这本书，才能设计出一本让读者容易读懂的书。

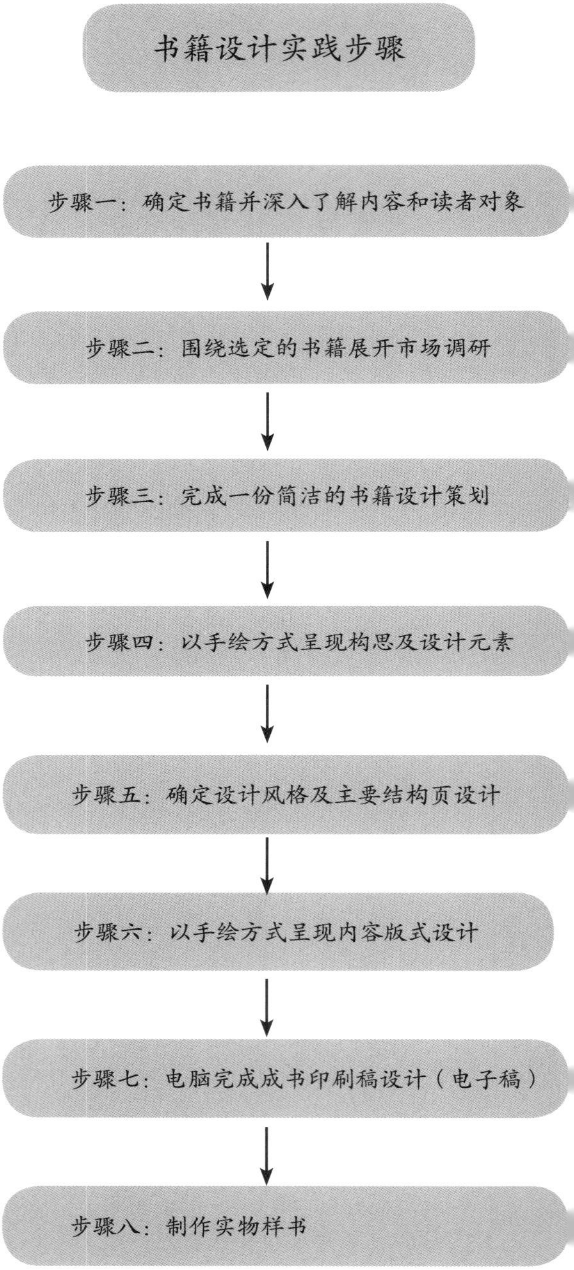

书籍设计实践步骤

步骤一：确定书籍并深入了解内容和读者对象

↓

步骤二：围绕选定的书籍展开市场调研

↓

步骤三：完成一份简洁的书籍设计策划

↓

步骤四：以手绘方式呈现构思及设计元素

↓

步骤五：确定设计风格及主要结构页设计

↓

步骤六：以手绘方式呈现内容版式设计

↓

步骤七：电脑完成成书印刷稿设计（电子稿）

↓

步骤八：制作实物样书

图 3-32 学生作业《图解易经》硬壳精装 特种纸快印

其次，与出版方进行沟通会让书籍设计的定位更明确，因为出版方会根据市场需求对书籍设计的风格和定位做出较为准确的判断，进而对书籍的定价和成本控制有一个正确的判断，这也让设计者的工作变得更加准确而高效。

设计过程中需要时刻考虑读者的阅读体验，用专业知识和反馈意见引导下一步设计工作。同时在工艺和材料的选用上紧盯市场，尽量在保证成本和工艺水平的前提下提升成品效果。

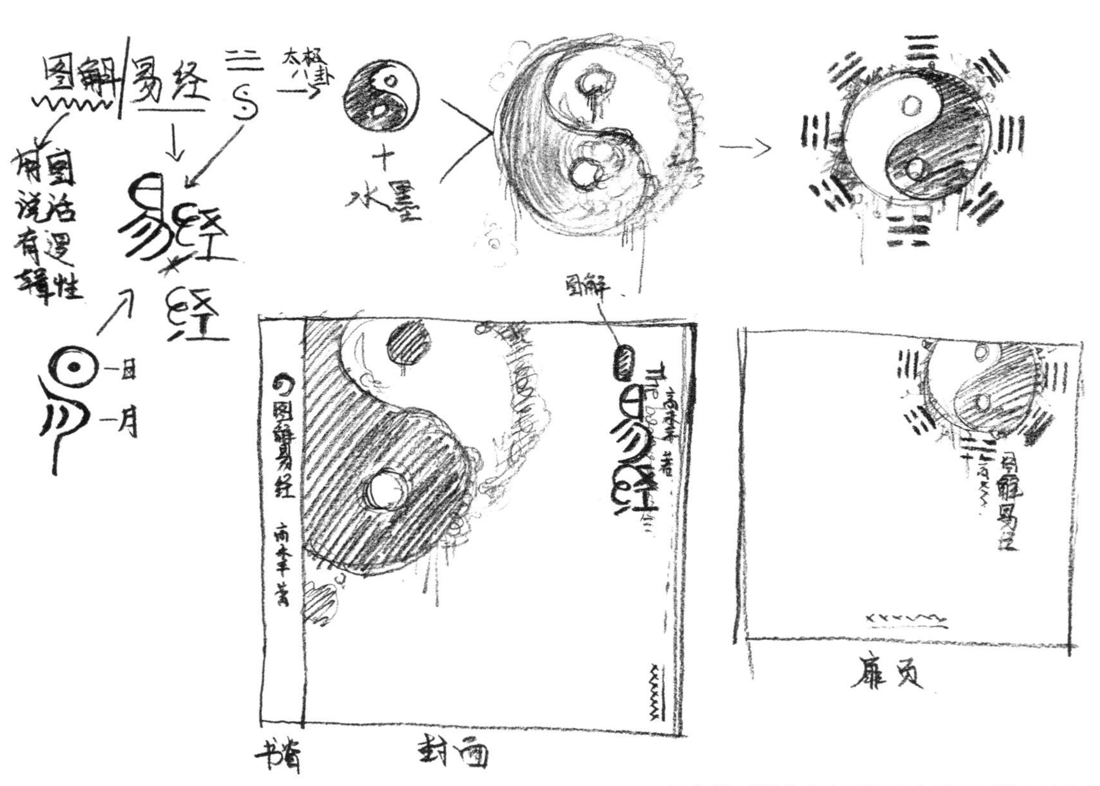

图 3-33 学生作业《图解易经》封面及设计元素演化

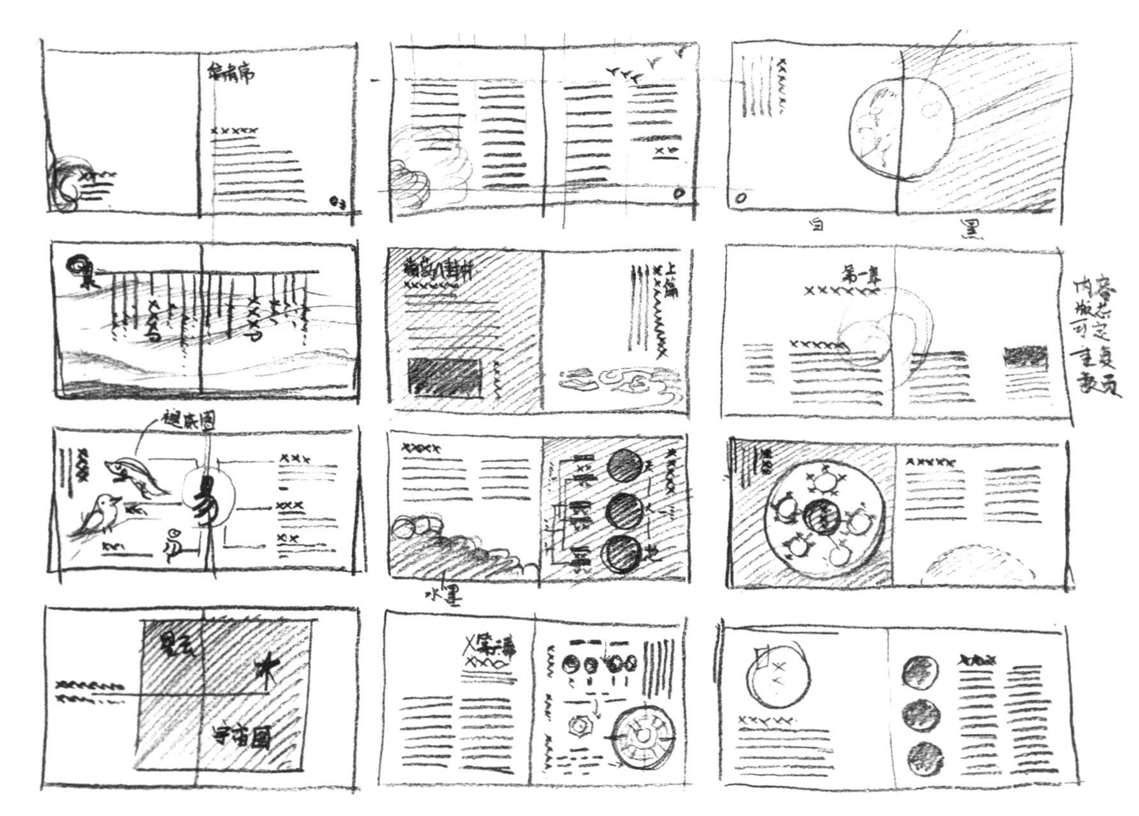

图 3-34 学生作业《图解易经》内页规划手稿

图 3-35 学生作业《图解易经》扉页

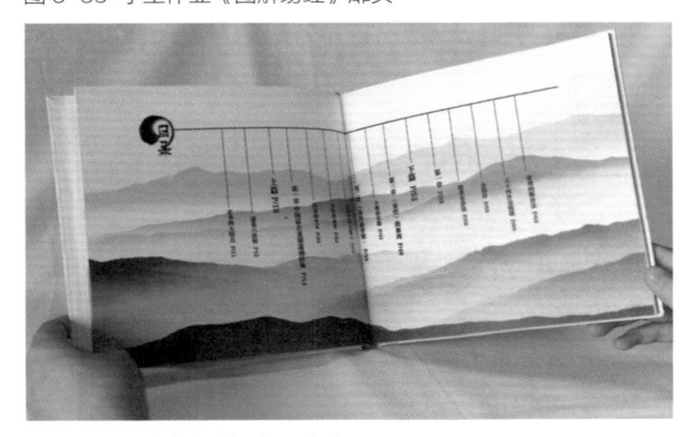

图 3-36 学生作业《图解易经》目录

作业点评一：

该生选择《易经图解》来进行“再设计”练习，有一定难度。首先，该书内容对于普通人来说有点儿深奥玄幻，所以该生在动手设计前做了大量功课，了解书中所讲内容，然后用图解的方式给大家展示一个直观的了解易经的方法。（图 3-32 至图 3-39）

这个过程最好用笔记录下来，整理的过程中会出现一些视觉元素，再经过提炼就能用于我们的设计中，这种方法不仅适用于书籍设计，对其他门类的设计也同样有效。

确定风格需要抓住几个关键点：首先，最重要的是核心元素的提炼，然后是版面基调的确立，最后是色调选定。只要这三方面的内容确定下来，剩下的就是局部调整的工作，不会出现风格不统一，或者将设计方案推翻重来的情况。

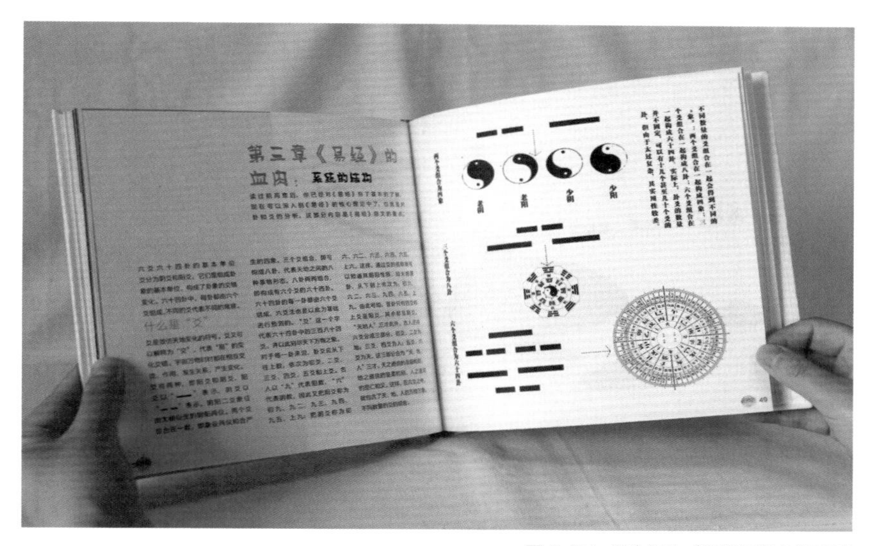

图 3-37　学生作业《图解易经》篇章页

图 3-38　学生作业《图解易经》内页 1

图 3-39　学生作业《图解易经》内页 2

我们需要将关键页面纳入第一波设计方案考虑的范畴，比如封面、封底、书脊、扉页、篇章页、版权页。这些框架性结构，越早确定，越能给内容的大规模推进争取时间。然后是页眉、页码的设计贯穿始终，需要在风格上与主调统一。这些都确定好了以后，内容页的风格也基本定下来了，版心也随之确定了下来。

这些事情做完以后，接下来的工作就可以按部就班地进行了。这需要设计者尽量发挥自身的专业技能，逐步完善视觉呈现效果，同时要兼顾读者的阅读体验。

《图解易经》

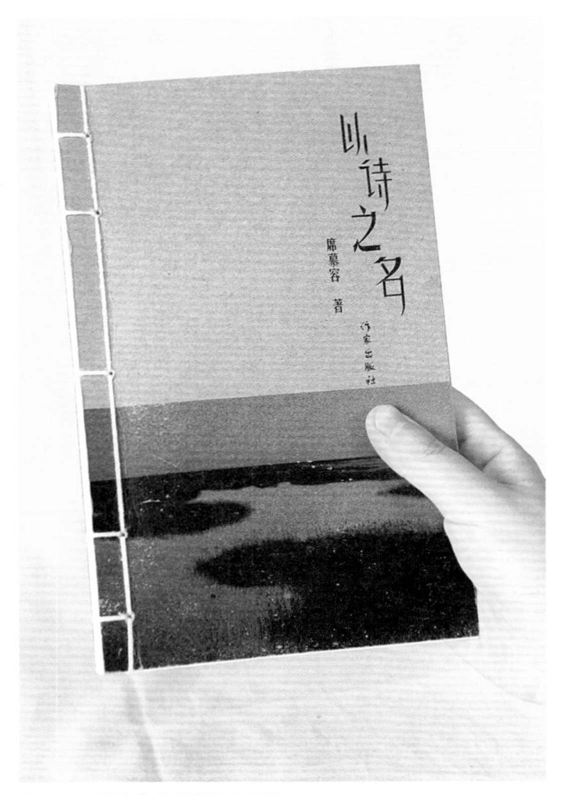

图 3-40 学生作业《以诗之名》

作业点评二：

这本《以诗之名》（图 3-40 至图 3-43）的再设计作业有一定的设计感，且内容与形式相呼应，体现出了较高的设计价值。该作品采用手工线装，采用牛皮纸印制封面，再配合封套以便更好地保护书籍。设计方案简洁大方，并对书名“以诗之名”四个字进行了设计，虽然还有很大的提升空间，但这种设计意识是值得肯定的。

该作品的文字内容为诗文，要设计好内页版式也不是件容易的事。如何让文字像其所承载的情感和意境一样在纸面上跳跃起来，是设计师需要深入思考的问题。

内容决定形式，形式反映内容，所以设计师绕不开的一点是对内容节奏的把握，这一点在该生的作品中体现得淋漓尽致。学生通过版面设计很好地将诗句的节奏和韵律表达了出来。

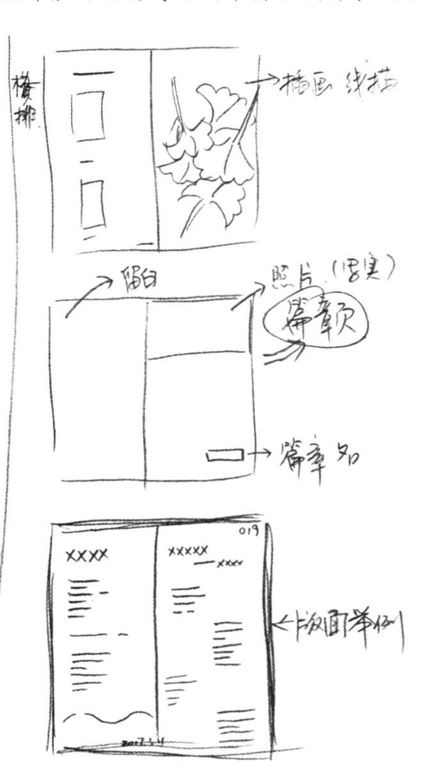

图 3-41 学生作业《以诗之名》整体设计手稿

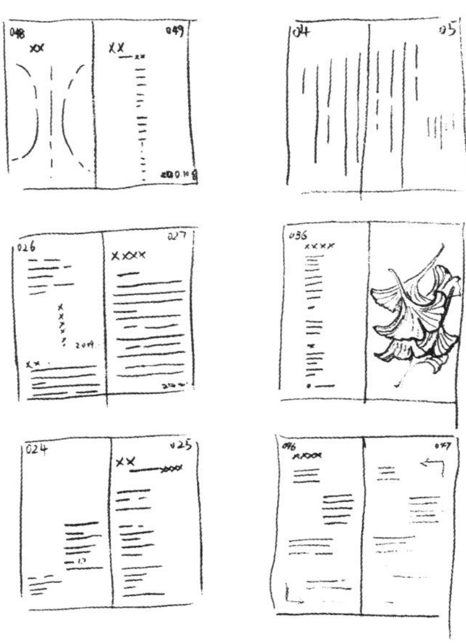
图 3-42 学生作业《以诗之名》内页设计手稿

该书为异形 16 开，拿在手上感觉比较瘦长，纸张选用比较轻的特种纸，纸张颜色略微偏黄，手感略粗糙，有较浓厚的文化气息。

在文字编排上比较注重细节，版面并没有像传统书籍那样采用统一的编排样式，而是随着诗文的变化而变化，形式多样，但风格统一，其中部分诗句还根据情感和朗读语气的变化作了深浅处理。只有认真了解过该诗文的人才能做到这一点。

《以诗之名》

图 3-43 学生作业《以诗之名》内页

作业点评三：

《台北不太北》这本学生“再设计”作业，是一本以手工书的方式制作出来的旅行游记。类似于游行手帐，学生意图通过本作业加强自己对大量图文材料的整合控制能力，并提高自己的动手能力。我们从封面就可以看出，该作业有浓厚的手工气息。该生选择《台北不太北》来做书籍再设计练习，也是出于对这一旅游内容的喜爱。

原书《台北不太北》是已经出版十多年的由赵鸣绘制的介绍台北的漫画小册子，色彩丰富，造型可爱，四色平印，软面平装，定价较低。原作者用漫画加摄影的方式记录自己在台北的旅行见闻，是一本比较有“卖相”的视觉类书籍。

该生将自己喜欢和擅长的内容结合起来完成该练习作业，这也是大多数学生常用的一

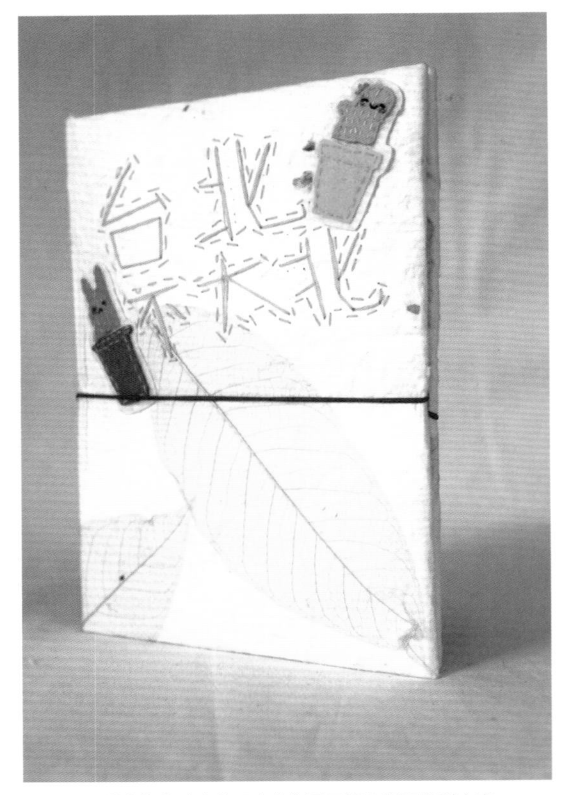

图 3-44 学生作业《台北不太北》手工纸的封面肌理丰富

图 3-45 学生作业《台北不太北》内页 1

图 3-46 学生作业《台北不太北》内页 2

种学习方法，从设计构思上来讲没有多大问题，但是如何在后面的设计过程中时刻提醒自己，纠正自己，并站在第三方的角度来审视自己的设计作品，以及作品是否达到预期效果，这才是我们需要考虑的问题。

一般来说，这种达到一定目标的针对性训练只能从某些方面来提高学生的设计能力，所以不求面面俱到，只求达到训练的目的。该生的设计作业需要从两方面来点评。

第一，“再设计”作品是否具备成为一本书的所有条件。从封面、封底的必备要素来看，该作品有书名，但没有作者名、出版社名、条形码、定价等，一本书必须具备这些基本要素。虽然这些要素在该作品的扉页和版权页中出现了，但这并不符合书籍出版的规范。因为该作品内容结构脱胎于原书，只是做了部分删减，所以结构相对完整。还有一点必须指出，该生对于段落文字的字距、行距掌握得并不好。从阅读的需求来说，字距要小于行距，初学者常常忽视这一最基本的阅读需求，容易给读者带来不好的阅读体验。

第二，作品中属于自己原创性的设计比例的高低。“再设计”的要求是借用原作已有的内容信息，对其进行加工提炼，用自己的理解呈现出一个新的视觉效果，设计元素需要自己提炼，用简单的话来说就是“全新改版”。这就涉及将借用的东西拿到自己的作品中进行再设计的问题。所以我们一般建议学生在进行这种练习时，只保留原书的文字信息，版面、图案、图标、色彩全部要重新设计。显然，该生也进行了这样的尝试，但还是有不少地方照搬了原书的图案内容，或者模仿了原书的设计风格，这就出现了原创度不高的问题。（图 3-44 至图 3-46）

图 3-47 学生作业《怀斯曼生存手册》细节

图 3-48 学生作业《怀斯曼生存手册》封面

作业点评四：

这本名为《怀斯曼生存手册》的“再设计”作品也是一本花费了大量时间完成的手工书，该生对书籍的装订十分感兴趣，动手能力也很强。在选择材料的过程中进行了多次尝试，最终选用皮质封面来强调整本书的户外运动风格。质朴的材料、粗犷的边条、追求自然的设计元素都在表明其探险、远足、旅游人群的读者定位。

该设计作品内页的做旧效果模拟了被长期使用后发黄的纸张，用特种纸快印，整本书的风格统一。书芯按照锁线装的方式分帖装订手工完成。最外层封面用手工皮质材料，手工裁切、打孔、刻字。最初该生想把字印上去，由于时间紧迫、手段有限，没有找到丝网印刷的设备，所以该生临时更换了制作方式，直接在皮质封面上手工刻字，花了不少功夫。从上述的每一步操作中我们能深刻感受到该生对其作品的投入的精力之大。（图 3-47 至图 3-51）

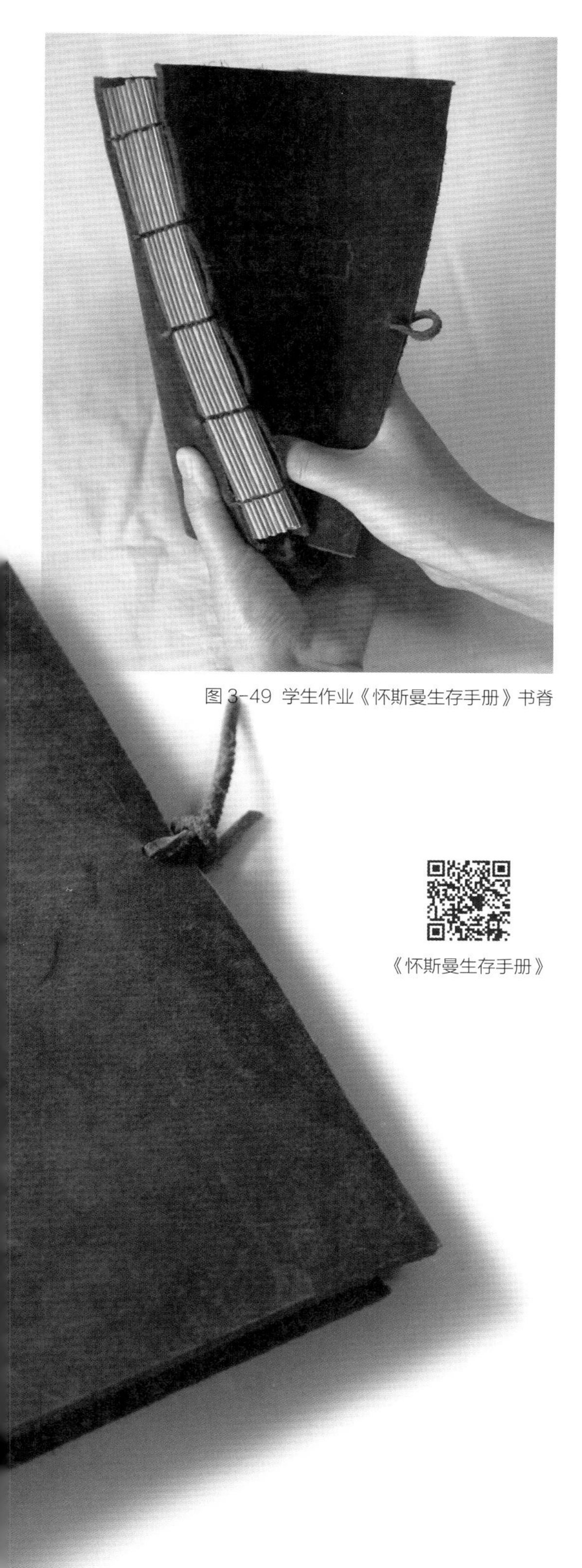

图 3-49 学生作业《怀斯曼生存手册》书脊

图 3-50 学生作业《怀斯曼生存手册》扉页

图 3-51 学生作业《怀斯曼生存手册》版权页

《怀斯曼生存手册》

该生严格按照原书的结构进行再设计，以新风格进行全新改版，设计元素全部重新提炼，基本达到了本次练习的目的。但还是有些不足，比如内容版面字号偏大、底色偏深等。还有一个很明显的问题就是皮质封面在手工线装的过程中，装订线部分变形严重，这是由于材质的硬度以及装订线的打孔位置和装线方式的不当而造成的。所以建议该生查阅相关资料，了解中国古代线装书是如何解决这些问题的。

该案例带给我们最大的启示是，材质变化带来的视觉和触觉效果可以很容易改变书籍的整体风格，这绝不是在要到印刷时临时选材就可以解决的。设计策划必须包含对材料的预期计划，进而在风格和设计上进行整体的协调考虑。

图 3-52 学生作业
《池上日记》书脊和封面

《池上日记》

图 3-53 学生作业《池上日记》需要刮开才能看到书名

图 3-54 学生作业《池上日记》拆开外壳

作业点评五：

朋友之间赠送礼物，书是一个很好的选择，但直接送一本书又缺乏仪式感和趣味性。所以他决定对书进行再设计，将书设计成为一个被完全包裹的状态，但可以轻易撕开。并且将外包装上的书名设计成被贴片覆盖的样式，收到礼物的人需要用硬币或指甲刮开涂片才能看到书名，神秘而又充满期待。

从作品最后呈现的样子来看，这些创意全部都实现了。打开麻绳缠绕的外壳，用硬币刮开书名，顺势撕下纸拉链，掰开包装外壳，抽出书本。书本内封鲜艳的色彩与外包装牛皮纸的素色形成鲜明对比，确有一种礼物破壳而出的惊喜，主要是打开的过程比较有趣味性。（图 3-52 至图 3-54）

这种概念性的设计虽然还有很多可以改进的空间，但非常值得赞赏。该生不仅仅把设计对象看作是一本书，还为其设定好了一个使用前提，该生具有敏锐的市场观察力。这同时也提示我们有时候要跳出常规的圈子，才能打开新的创作思路。

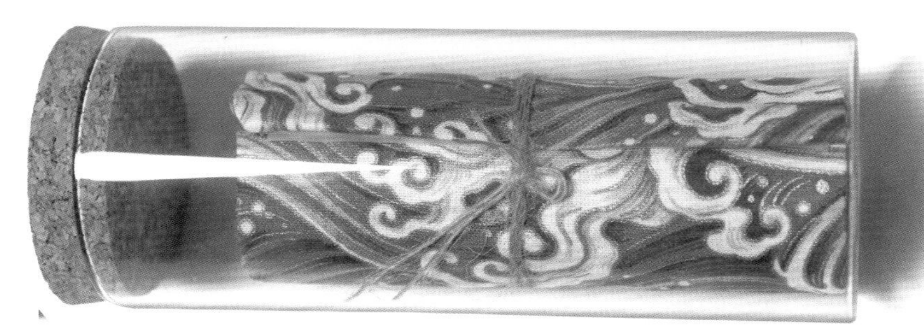

《旋风装探索设计》

图 3-55 学生作业《旋风装探索设计》有外壳

作业点评六：

该“再设计”练习对传统的旋风装进行了一些改进，给书籍添加了一个筒状的透明外壳。从该作品的呈现效果来说，其并没有做太多改变，仍然是卷筒状的收拢状态，再用一条麻绳束紧。但透明的筒状外壳使旋风装的书籍呈现出十分现代的商品形象。这种探索为这种形式的书籍找到更多应用的可能。比如说这种既传统又现代的书籍装订和包装方式适用于旅游产品开发，可以使用这种形式策划一系列的旅游纪念册等。（图 3-55 至图 3-58）

《池上日记》《旋风装探索设计》都运用了概念设计的探索方式为书籍设计寻找一些可能。它提醒我们，书籍设计要考虑的不仅仅是书籍本身，开拓市场和发现新读者也同样重要。

图 3-56 学生作业《旋风装探索设计》去掉外壳

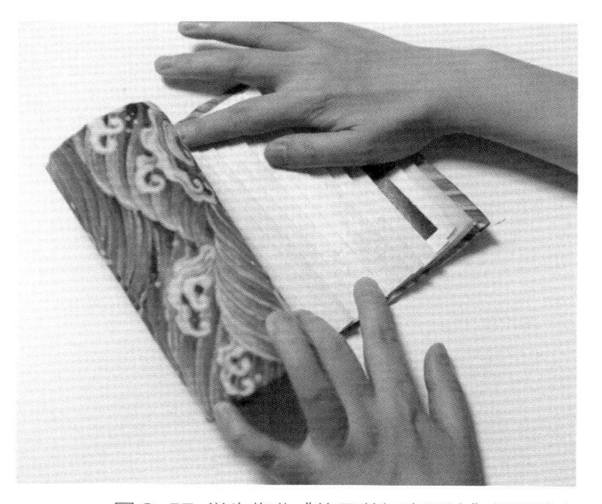

图 3-57 学生作业《旋风装探索设计》打开状态

图 3-58 学生作业《旋风装探索设计》手持状态 小巧方便

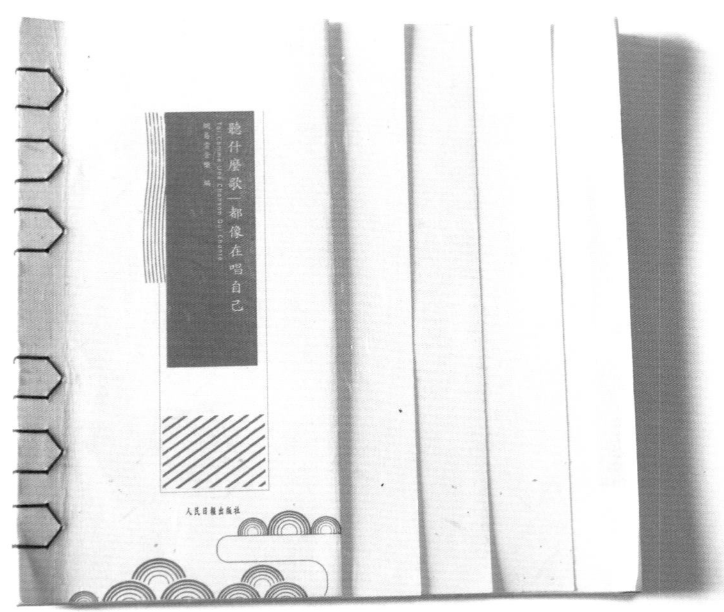

《听什么歌都像在唱自己》

图 3-59　学生作业《听什么歌都像在唱自己》封面

图 3-60　学生作业《听什么歌都像在唱自己》内页

作业点评七：

这个“再设计”作业整体色调统一，只有蓝色和黑色，可以采用专色印刷。图形元素都是根据内容提炼出来的，比较符合整体设计风格。该作品采用线装，就连内页也是采用单面快印向外对折的方法进行制作，所以该学生基本上完整地使用手工的方式制作了这本线装书，不过他还摸索了一种新的线装打孔方式，书脊锁线的走向构成了特殊的形状。内页版面采用了中国传统书籍竖排文字的方式，整个作品风格明确。封面与内页的长短设计为阶梯式，增加了读者在翻阅时的趣味性。

该作品内页和封面都选用了不同的特种纸，有朦胧半透明的硫酸纸，也有充满粗纤维的手工纸。从细节来看，该学生在该书籍设计作业上花了不少功夫，但在对整体风格的定位是否符合内容需求上仍值得探讨。另外，书中出现一些文字错误，这个问题在设计过程中应该尽量避免。（图 3-59、图 3-60）

更多作业案例

图 3-61 学生作业
《徐志摩诗全集》封面

作业点评八：

《徐志摩诗全集》也是一本手工线装书，不过和《听什么歌都像在唱自己》风格完全不同。全书以红色的线条和半圆形为设计元素贯穿始终，插图也多为单色，只不过使用了一种复合色，在印刷时多半只能采取四色平印。

该书封面采用了特种纸，质地坚挺，有韧性，不易起皱。内页及封面图案多用风景，有些是摄影作品，有些是卡通插图，在风格上有些不统一，转换较生硬。内页文字编排同样采用竖排方式，不同于《听什么歌都像在唱自己》用粗线框固定了文字的位置，这本书的段落文字编排更自由，对于其中某些重点词句还进行了标注和强调，这说明该学生对其书的内容有一定深度的了解。

总体来说该练习作品达到了训练目的。当然问题还是存在，比如封面书名不够突出。我们可以通过多做几个类似的练习，在实践中积累经验、总结错误，这样进步会比较快。（图 3–61、图 3–62）

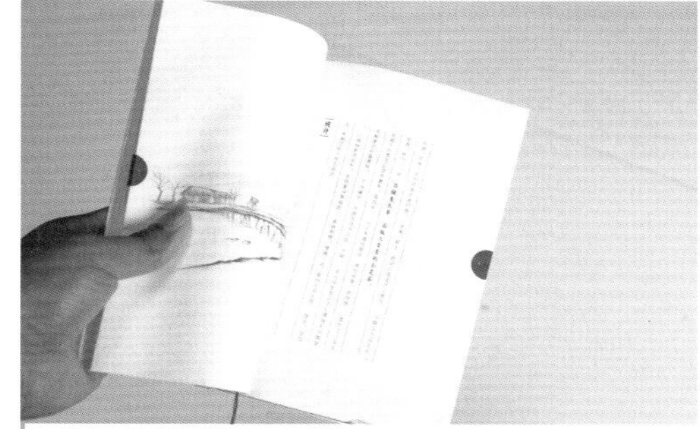

图 3-62 学生作业《徐志摩诗全集》内页

设计实践一：

对于作品集一类的书籍，我们在设计的时候需要注意方式方法，先了解内容的体量，因为一般情况下，委托方都会有一个成本控制，所以需要经过综合判断，才能定出开本大小和页数，以便合理地运用版面。

该作品为《2014 成都创意设计周青年创意设计大赛获奖作品集》。涵盖内容庞杂，要在短时间内编排出上千件作品的图片内容。设计工作分为两个部分，一是进行作品的分类处理，二是进行版面的编排，两者需同时进行。

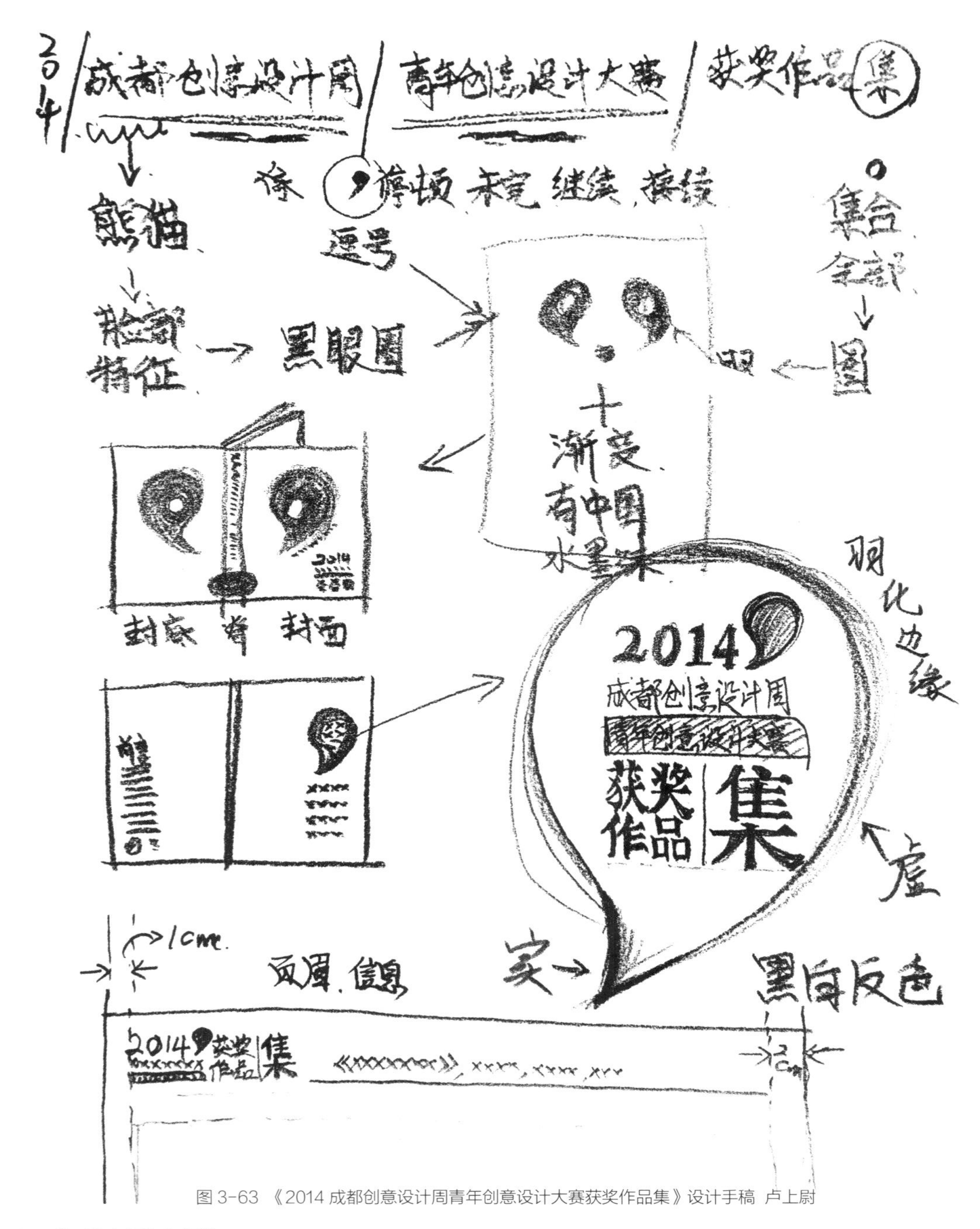

图 3-63 《2014 成都创意设计周青年创意设计大赛获奖作品集》设计手稿 卢上尉

封面设计灵感来源于熊猫，熊猫象征成都，体现地域特征。图案中的熊猫“黑眼圈”和眼睛结合了“逗号”与“句号”的形象，寓意设计周活动圆满结束，但今后还将持续下去。文字信息集约化设计在一个角落，便于读取信息的同时增强了设计感。（图 3-63 至图 3-66）

图 3-65《2014 成都创意设计周青年创意设计大赛获奖作品集》内页 设计者：卢上尉

图 3-64《2014 成都创意设计周青年创意设计大赛获奖作品集》封面 设计者：卢上尉

图 3-66 《2014 成都创意设计周青年创意设计大赛获奖作品集》封面展开 设计者：卢上尉

设计实践二：

该案例是《绘筑中国梦：四川师范大学美术学院教师作品集》，同样内容比较庞杂，需要一边整理作品，一边进行编排设计。而且其中涉及的绘画类作品，对于色彩还原度要求较高，所以在图片采集之初就应该认真对待。

该作品集为大 16 开，内页采用特种纸，四色平印，硬壳精装，封面文字采用黑色电化铝工艺。策划要求尽量保持作品集的文化味儿，简洁大方。所以，首先文字信息组合成为封面设计的基础，大小对比凸显主题，背景略去，仅用粗糙的特种纸表现肌理效果。内页版式基本相同，只需对扉页、目录、篇章页进行一些必要的设计变化，以丰富视觉效果。书眉和页

图 3-67 《绘筑中国梦：四川师范大学美术学院教师作品集》封面
设计者：卢上尉

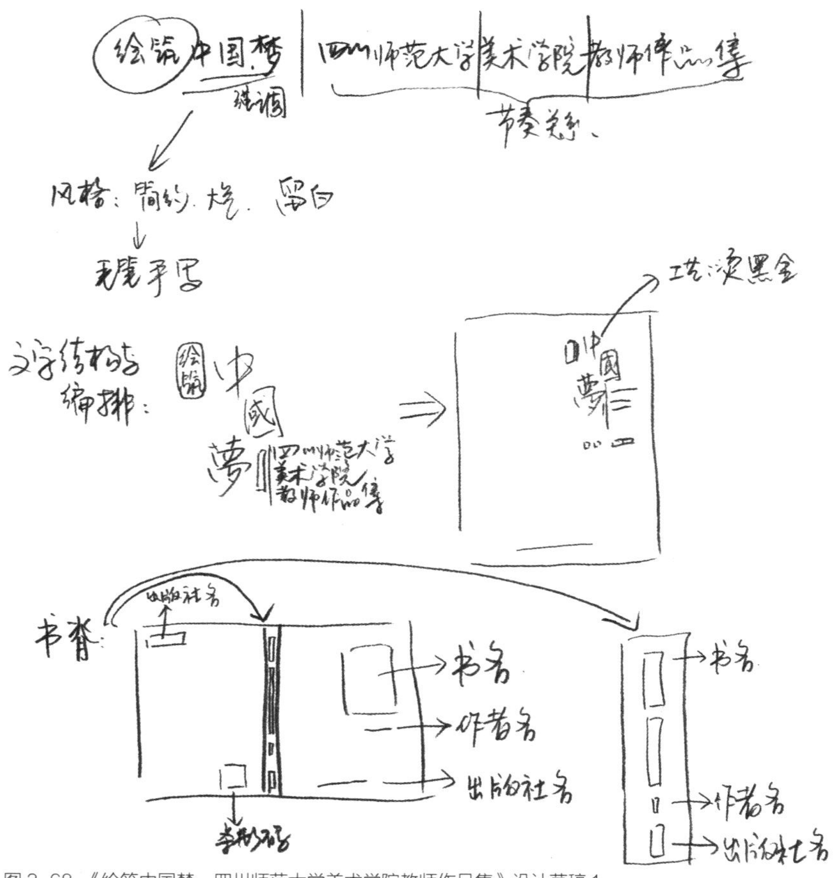

图 3-68 《绘筑中国梦：四川师范大学美术学院教师作品集》设计草稿 1

图 3-69 《绘筑中国梦：四川师范大学美术学院教师作品集》内页

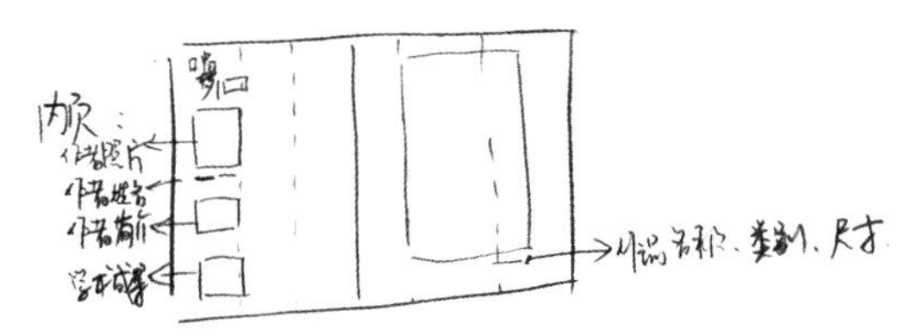
图 3-70 《绘筑中国梦：四川师范大学美术学院教师作品集》设计草稿 2

码作为穿插全书的线索，需要与外部风格统一。确定手稿大方向后再用电脑细化设计方案。（图 3-67 至图 3-70）

大开本的优点是版面空间富足，不会显得局促；缺点是携带和翻阅不便。设计师应该根据要求来确定开本的大小。

本章小结与思考

本章主要介绍了书籍设计各个部分的必要内容，建立起了书籍设计的基本框架，解决了“有”和“无”的问题，经过学习学生可以完成一个简单的书籍设计任务，这是书籍设计学习任务要达到的第一个层次。那么在后面的章节中我们将会对这些框架中的重点内容进行补充，让学生的书籍设计作品变得更加饱满。

本章没有面面俱到地讲解学生在书籍设计中所遇到的问题的解决方案，因为书籍设计是一门比较综合的设计课程，其中部分内容在基础设计课程中就已经学习过，所以这里没有进行深入讨论。其中与书籍设计联系最紧密的一门课程是版面设计，需要学生提前学习一下。

比如如何确定开本、字体和字号大小如何选择，字距、行距、段距、栏间距、栏宽、网格、视觉流程线的建立等问题，设计者必须要有相应的知识储备并注意设计细节的体现，细节决定成败。

第四章

揣摩书“韵”

ginning to get very
r sister on the bank
ning to do: once or
ped into the book her
but it had no pictures
n it, "and what is the use
ought Alice, "without
ersations?"

第一节 视觉表现 创意回味

“韵”味的细细揣摩，“意”味的深度增强，最终都是通过视觉传达呈现的，书籍设计承担着这项工作的重任。如何通过视觉符号将创意构思呈现在读者眼前，首先要抓住构成书籍版面的五大要素：插图、符号、文字、色彩、版式。

一、插图

插图是书籍设计的重要组成部分，具有较强的直观性，往往有诠释文字内容的作用，起到“先声夺人”的效果。插图的风格在很大程度上决定整本书的视觉个性及风格特点。插图的形式有插画、写实照片、信息图表以及 AR 图像等。（图 4-1、图 4-2）

图 4-1 欧洲中世纪手抄本《时令之书》插图

图 4-2 现代书籍内页中最常见的照片插图

图 4-3 邮册《恐龙来了》水彩画插图　现代印刷技术最大化地保留了插图的画味和细节

插画在过去的书籍插图中出现得较为频繁，受落后的印刷术及照相技术的影响，手工插图如版画、黑白画等成为书籍插图的主流。随着印刷术及照相技术水平的提高，其具有高效、快速、可复制性高的特点，很快向传统手工插图发起了挑战，给传统手工插图带来了巨大的冲击。（图 4-3 至图 4-5）

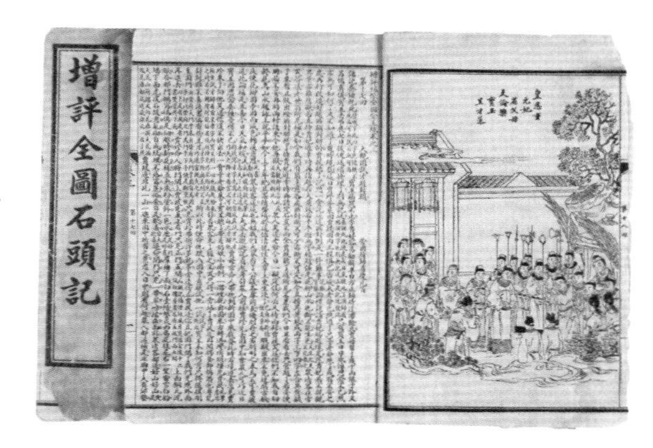

图 4-4 《增评全图石头记》黑白插图

同时，由于人们对快速获取信息需求的提高，使得拥有直观表达各类信息，特别是数据信息的图表设计得到了更大发展。经过设计师的视觉化设计，信息图表枯燥的数据和难寻的规律被直观而简洁地呈现在大众眼前。

增强现实（AR）图像在书籍插图中的使用算是一个新兴技术，它不光让图形立体起来，更具突破性的是让图形“活”起来、“动”起来。作为一项打破人们对传统图像认知的新技术，其给人的感官带来了强烈的刺激，是前所未有的，是革命性的。但目前市面上的 AR 书籍还存在同质化严重、研发和制作成本高等问题，有待进一步开发和解决。

图 4-5 《戴敦邦新绘全本红楼梦》彩色插图，融入了现代读者的审美需求

这是由意大利人瓦伦丁娜·德菲里波和英国人詹姆斯·鲍尔合著的《信息图中的世界史》，2016 年由人民邮电出版社出版，内页采用特种纸印刷，裸脊装订，外加护封。翻看后可以完全打开，避免了订口方向的图文信息被遮挡。（图 4–6）

作者用生动的图文信息为我们讲述了不一样的世界史，用可视化的插图把一些纯粹的数据表现出来，给读者带来更直观而清晰的阅读感受。让读者从枯燥的数据中解脱出来，轻松愉快地了解人类社会的发展历程。

该书以科学的事实为基础，以艺术的形式为手段，为我们展示了信息视觉化插图在高效传递信息方面的精彩表现。这更符合读图时代人们的阅读方式。

《信息图中的世界史》

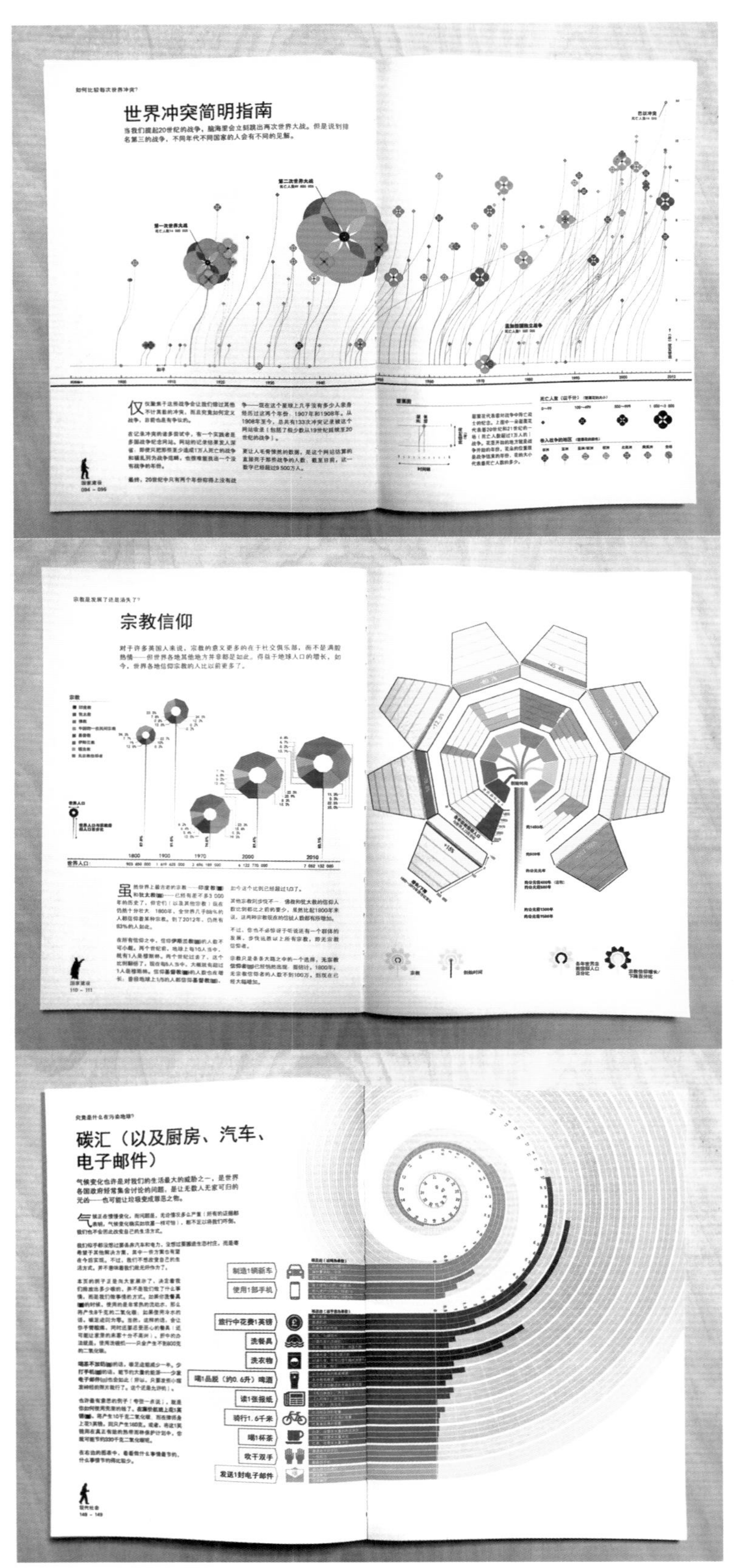

图 4–6《信息图中的世界史》内页插图

图 4-7 通过手机屏幕看到的蜘蛛蟹增强现实图像效果

图 4-8 《深海怪兽跑出来了》封面

图 4-9 通过手机屏幕看到的蝠鲼增强现实图像效果

《深海怪兽跑出来了》运用了增强现实（AR）技术，是中信出版集团“科学跑出来系列”中的一本。该书于 2017 年出版发行，面向少年儿童，用简洁的文字、丰富的图片以及科学数据向读者介绍海洋动物知识。读者可以通过移动终端设备安装相应的 APP 后体验增强现实图像效果的海洋动物三维动画，并可以与之进行简单互动。在手机或平板电脑的屏幕上，读者可以看到动物们“跃然纸上”，十分有趣。（图 4-7 至图 4-11）

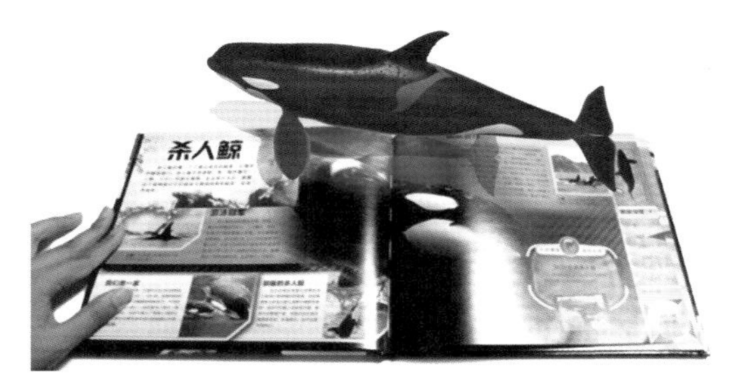

图 4-10 通过手机屏幕看到的杀人鲸增强现实图像效果

图 4-11 通过手机屏幕看到的鲸鲨增强现实图像效果

二、符号

书籍设计中的符号是指设计师针对书籍内容提炼出的符合主题风格且贯穿始终的符号形象。天头、地脚、插页、篇章页、书口等都是符号的“集结地”。符号出现的时机很重要，它可能是为方便读者找寻所需内容或为书籍增添视觉趣味等目的而设置。设置原则在于精而不在于多。（图 4-12）

图 4-12 《美哉汉字》封套上的“福禄寿”符号化图案

三、文字

文字是书籍设计的“筋骨”，是信息有效且准确传递的根本。此处我们提到关于书籍中的文字设计有两方面内容。

第一个方面的内容是可以对于书名和各类大标题文字进行精心设计，以彰显个性和特点。可以从字形、组合结构、大小对比、色彩搭配上对这些重要的文字加以视觉强调。（图 4-13）

图 4-13 对书名文字进行了设计

第二个方面的内容是对于正文和插入性文字，需要在字体风格、字号大小、行距、字距上进行选择和规范。尤其要保证视觉效果的统一和阅读的流畅。从视觉上来看，行距大于字距这是基本要求。在阅读时可以一眼识别出段落文字的阅读方向和顺序是达成有效阅读的前提。

美哉汉字 宋体

美哉汉字 楷体

美哉汉字 黑体

正文常选用宋体，插入性文字一般选用仿宋或楷体，楷体也常用于标题或篇幅不大的文章正文文字，黑体具有理性现代的特点，一般用于图注或某些标题文字上。一本书的正文部分字体选择最好控制在 3 个左右，需要对标题进行区别时也可以采用改变字号或加粗的方式。为了方便印刷，正文以“单色醒目”为原则，避免正文文字在印刷时出现复合色，这有可能导致小字边缘不清晰而影响阅读。

字号大小需要根据目标读者的年龄段来进行选择。对于少年儿童和老年人，字号可以大一些，尤其是儿童读物需要根据读者年龄段适当加大字距和行距，且段落文字不宜过长过多。对于一些年轻读者，特别是审美层次较高的人群，段落文字的编排要更有设计感，可以适当打破惯性思维，使用较自由、宽松的版面，字号可适当减小，以留出更大的版面空间为插图或“构成感”服务。

四、色彩

色彩赋予书籍设计“血肉”，色彩给人带来的感受是快速而直接的，不同颜色给我们带来不同的心理感受。如冷色给人带来寒冷、平静、收缩、遥远的感觉，暖色给人一种温暖、热情的感觉，黑白灰给人带来理智与肃穆感。恰当的色彩运用，更能让读者对书籍内容产生情感上的共鸣。关于色彩方面的知识点，可在色彩构成等书籍中获取，在这里就不再一一赘述。对于这些基础必修课，我们有必要温故而知新。（图 4-14）

图 4-14 埃费林 · 卡希科设计的手工书

五、版式

书籍的版式设计关乎读者阅读节奏的快慢、流畅与否。网格的运用能让繁多冗长的文字及图片信息等在秩序感中找到属于自己的位置。它是看不见的“骨骼”，能够解决排版中的图文定位和比例问题。关于网格的设计和运用，需注意以下三点。

1. 根据所要设计的书籍内容确定与风格相适应的网格编排方法。

2. 根据开本大小确定单位网格的大小，并在网格中设定几组图文组合的方式，为后期展开版面编排提供便利。

3. 严格按照预先设定的网格形式，严谨有序地进行编排。在此架构之下，设计师可根据需要灵活编排，准确把握视觉节奏。

下面介绍的两种对于初学者是很有用的简单的版式设计方法。

方法一

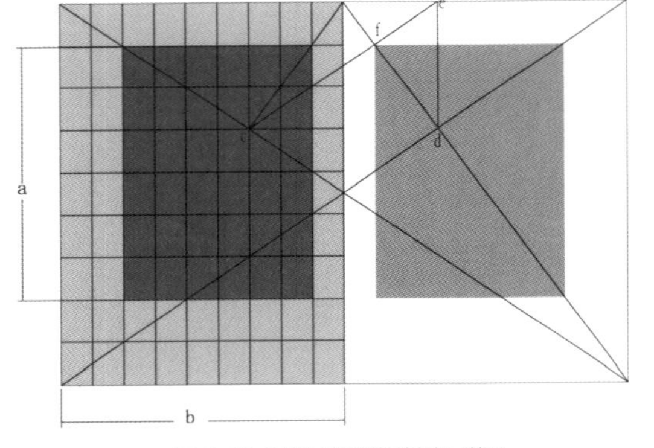

图 4-15 利用比例关系创建网格 1

图 4-15 的比例关系是建立在长宽比例为 2 ∶ 3 的比例上，即每个单元格的长宽比都是 2 ∶ 3。图中的高度 a 与页面的宽度 b 相等，装订线与顶部的留白占整个版面的 1/9，内缘留白是外缘留白的 1/2。使跨页的两条对角线与单页的对角线相交，两个交点分别为 c 和 d，再由 d 出发，向顶部作垂线，其交点 e 与 c 相连，这条线又与页面的对角线相交，形成点 f，这个交点 f 就是整个正文版面的定位点。

方法二

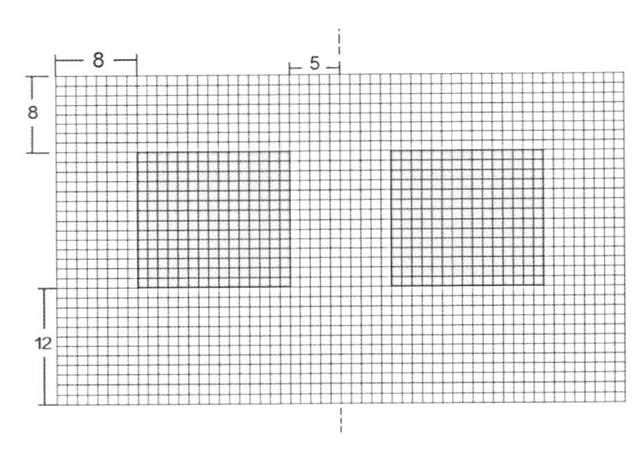

图 4-16 利用比例关系创建网格 2

图 4-16 由 34 × 56 个方形单元格组成，方格越多，版面变化越多，但不是越多越好，我们要记住几种比较实用的方案，以便后期操作。订口方向内边缘留白 5 个单元格，书口和书顶方向边缘留白 8 个单元格，底部边缘留白 12 个单元格。以这种方式来确定图文的比例关系，能够获得和谐连贯的视觉效果。

图4-17 《新概念字体基础&应用》内页

图 4-18 *ART IN BOOK* 封面

第二节 整体把握 部分照应

前面我们对书籍设计构成要素有了一个基本的认识，接下来我们以 *ART IN BOOK* 为例，从本书的封面设计、内页设计、穿插设计三个方面进行讲解。

一、封面设计

封面设计是书籍设计的“面子工程”，除了在物理功能上对书籍内页起到的保护作用外，其在视觉传达方面对书籍内容还起到“广告宣传”作用。因为封面设计既要夺人眼球，又要准确传递书籍内容风格，所以封面设计的重要性不言而喻。

封面设计的视觉组成要素有：书名、作者名、出版社名等。定价、条形码虽然小，但也不容忽视。连接封一和封四的书脊也必须用心设计。

书脊面积虽小，但其在书架的展示方面起着非常重要的作用。书脊的文字内容包括了书名、作者名、出版社名。书脊宽度的确定方法为：纸张厚度 × 页数 ÷2，再在所得数的基础上加 0.5mm ~ 1mm 的厚度。

ART IN BOOK 封面结构比较独特，尺寸较小的异形附加结构包裹露脊装的书芯，中间夹了一份书籍结构索引，以方便读者查看。整本书设计感极强，书脊和封面上的文字信息经过了精心编排，在粗糙表面的硬纸板上使用了烫银工艺，肌理对比的效果非常明显。封面主体色调为浅咖啡色，统一中又富有变化，层次感极强。（图 4-18）

二、内页设计

内页承载了几乎书籍的全部内容。文字信息量大，图形、图表丰富。如果说封面设计吸引了人们驻足，那让驻足的人进入阅读，就要靠精彩的内页设计了。*ART IN BOOK* 内页版式相对固定，图文并茂，条理清晰，插图丰富，疏密有致，非常优秀。（图 4-19、图 4-20）

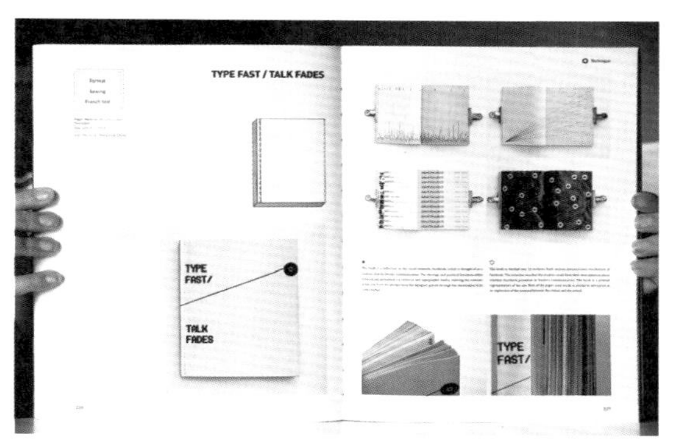

图 4-19 *ART IN BOOK* 内页设计

三、穿插设计

优秀的穿插设计能提升书籍设计的品质。处理好节奏关系，将读者引入一个又一个阅读胜地，是设计师需要认真思考的一个问题。有意从内容结构、视觉形式、材质表现三个方面进行前后呼应的穿插设计，有丰富的视觉变化的同时保持书籍的整体效果，如图 4-21 中的索引就是在形式上进行穿插强调而得出的结果。

图 4-20 *ART IN BOOK* 书脊部分

图 4-21 *ART IN BOOK* 装订在两层封面中的索引

第三节 秀外慧中 品貌皆具

一、创意突出

创意是所有设计专业课程都在强调的内容，有创意的设计能满足人们日益增长的审美需求。创意可能源自一个很小的细节，我们不能忽略任何一个可以使我们的作品更加正面和积极的因素。对于书籍设计来说，可供设计师发挥创意的空间非常大。我们可以从以下几个方面来寻找创意点：书籍结构、材质、视觉效果、触觉感受、人群的特殊喜好和需求……总之，要让书籍设计能够由内而外地散发出创意设计的品质感。

要记住，书籍不能为创意而创意，而是需要针对具体问题找出相应的解决方法。所以，创意点子有可能是灵光闪现的结果，但最大可能是从需求出发得出的一些解决问题的方案。

二、设计跟进

有了突出的创意，就需要用良好的设计去实现，从而将一本好书呈现在读者面前，两者相辅相成。书籍设计师是作者和读者之间沟通的桥梁，也是将创意从蓝图变为现实的操控者，他把控着书籍的整个设计过程。

影响设计表现的因素包括设计师自身专业素养、策划的正确性以及设计师与出版方的沟通协调是否顺畅。在综合了所有因素后设计师才能对设计风格、印制效果、制作成本有全面的把握。因此，书籍设计较其他平面设计来讲，门槛较高，设计难度也较大。除了感性的一面，书籍设计更多体现的是理性的思考与布局。环环相扣的流程让书籍设计必须做到精准而高效。

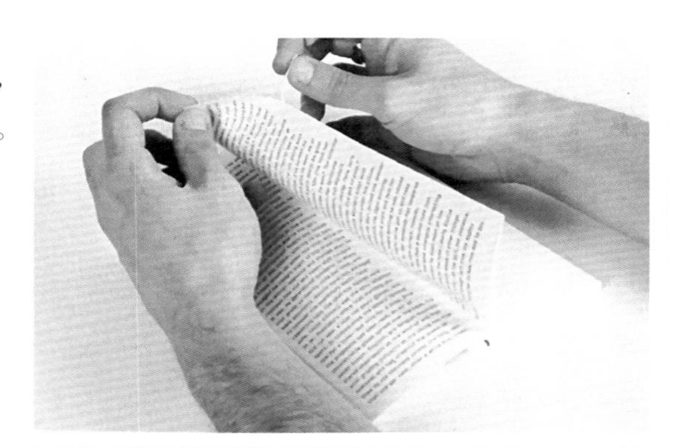

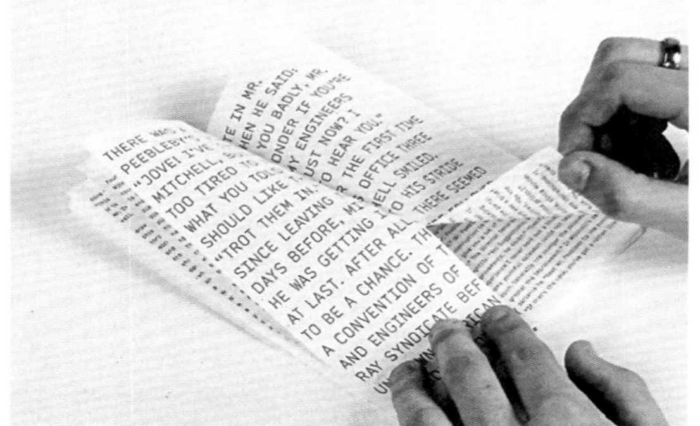

图 4-22 小说《桥被烧断了》内页的阅读过程

该书（图 4-22）为研究交互式打印的系列设计之一，采用数字印刷，它使用了法国反向折叠术和日本刺式装订技术，手工穿孔。内容隐藏在页面之中，阅读时需要撕开书的各个章节，书读完后也就被“大卸八块”了，从形式上诠释内容，很有创意。

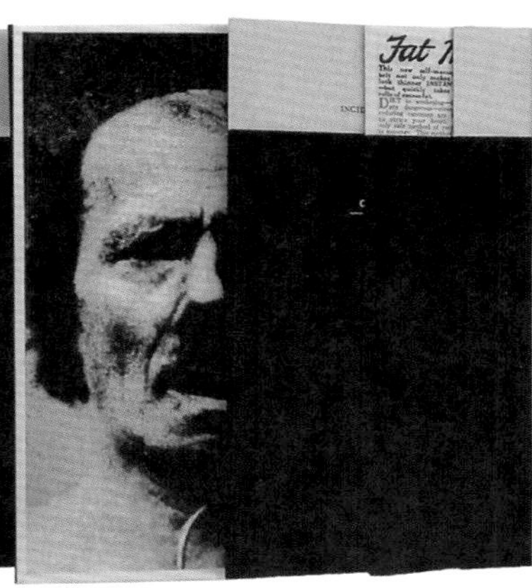

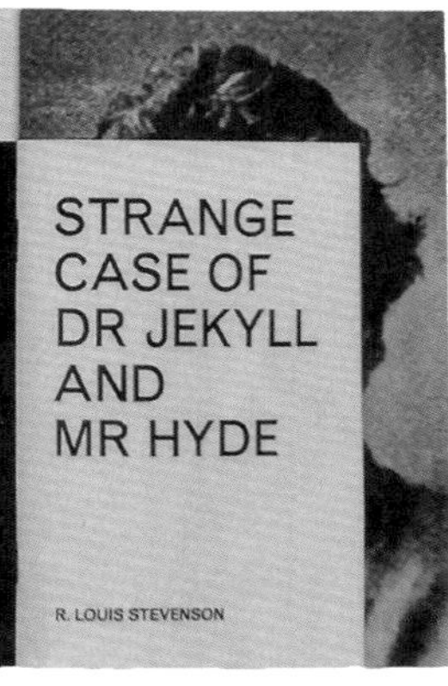

图 4-23 小说《奇怪的案件》

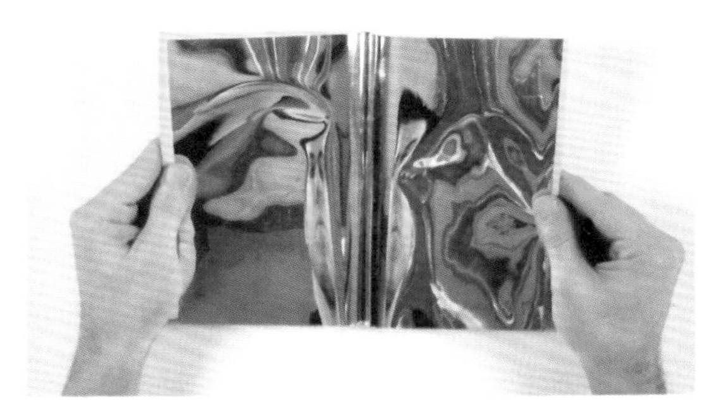

图 4-24 小说《奇怪的案件》内页及函套

图 4-25 小说《奇怪的案件》阅读体验

该书（图 4-23 至图 4-25）给我们带来了一种全新的阅读体验，它集图像文字于一身，以大量文字、插图、照片、信息图形以及各种印刷手段来吸引读者的兴趣，增加小说与读者之间的互动性，并赋予书籍以多种视觉维度的冲击力。这种混合小说使读者的代入感极强，会让人有翻看案件卷宗的感觉。

第四节 形神兼备 反映人文

一、视觉表现

书籍最终以何种视觉效果呈现，如何既能做到可读性强，又能以独特的视觉表达让书籍以更加从容、完整的姿态呈现在读者面前，是书籍设计者一直要解决的问题和努力的方向。视觉表现的风格可以多种多样，表现形式也可以千变万化，只要这一切围绕书籍的主题展开就能够成立。

二、人文精神

书籍设计不仅要有出色的视觉表现，还需要有丰富的人文精神的内涵，读者将书拿在手上的应该是有温度的优秀作品。在设计中考究的各种细节，如纸张的特殊质感甚至气味，以及印刷后产生出的独特效果，都是为了让读者在翻阅的过程中与作品之间产生“碰撞”。引导读者在阅读过程中用笔勾画出自己喜欢的词句或是提出疑问、做下笔记等，这类互动细节都应该被考虑进设计中。让精心设计的书“活”起来，产生“温度”，拥有“人味儿”，让读者感到“温暖”，这些优势是电子书无法替代的。（图 4-26 至图 4-29）

巴塞罗那情感书籍包装很有意思，它是西班牙巴塞罗那市议会委托艾丽萨瓦大学的包装专业设计的。巴塞罗那市的市长在圣诞节时将此书送给一些机构。这确实是一本很有“情感”的书，被精心包装了一番，很有礼物的样子。设计思路要求该书有经济性、可持续性，不追求表面的华美，同时要求包装能够为书籍增值。工艺上运用了胶版印刷、激光雕刻、双通道板、有机玻璃、弹性橡胶。

图 4-26 巴塞罗那情感书籍包装打开过程

图 4-27 巴塞罗那情感书籍包装

图 4-28 *Alice' Adventures in Wonderland* 立体书内页

图 4-29 《美哉汉字》封套打开后的状态

第五节 甄别读者 紧贴行业

图 4-30 穗子项目 体现渴望和归属感的场景 视觉表现类书籍

针对不同类别的书籍，其设计表现形式也有所不同，读者范围更是广泛。同时，人们的阅读体验需求不断提高，这对书籍设计师提出了更高的要求和发起了更严峻的挑战。

一、视觉表现类书籍设计

视觉表现类书籍是指以图片展示为主要内容的书籍。有的以插画为主，有的以照片为主，还有以信息图表化的内容为主，甚至有综合以上三种形式的书籍设计。视觉表现类书籍注重图片效果的呈现，如对插画的质量、照片拍摄的效果、信息图表的视觉化设计等均有较高要求。在版面编排和书籍创意方面给了设计师较多的发挥空间。（图 4-30）

图 4-31 《秩序感：装饰艺术的心理学研究》 文字类书籍

二、文字类书籍设计

文字类书籍是指以语言文字内容为主，记录和传递客观信息的书籍。文字类书籍在编排设计上较理性，注重逻辑。比起博人眼球的视觉表现类书籍设计，此类书籍更加注重文字数据信息的准确性、易读性、适应性等。因受众群体的不同，应做出符合各自行业个性和风格特点的设计方案。（图 4-31、图 4-32）

图 4-32《秩序感：装饰艺术的心理学研究》内页

三、电子类书籍设计

电子类书籍设计较前两类书籍来说似乎更符合当下年轻人的口味，其快速、便捷、高效的浏览方式更能满足人们当下的快节奏生活。比起以传统书籍的形式细细阅读品味一些精品典籍，人们似乎更愿意通过电子类书籍来接收片段化的知识、时尚信息、新闻事件等内容。使用手机或平板电脑快速浏览此类信息，读者不必字斟句酌地回味，需要的就是轻松便捷的阅读体验。

图 4-33 《小学语文教科书选文标准研究》摊开状态

图 4-34 《小学语文教科书选文标准研究》封面封底

《小学语文教科书选文标准研究》（图 4-33、图 4-34）是一本学术著作，目标读者群为相关的研究人员，所以在书籍设计上需要紧扣学术著作的风格。这类书大多为平装，定价不高，主要是供学界研究交流之用，读者更注重的是内容信息，不需要做过多的装饰，要体现出庄重典雅的气质。该书的封面、封底、书脊设计十分整体，用抽象的几何图形堆叠图案组织画面，有寓意，有指向，大方得体。

不同于视觉表现类书籍，文字类书籍文字多、图片少，这种书的内容页面设计目标简单明确，就是要用最符合目标读者阅读习惯的版式将文字内容展现出来。所以我们看到这类书的内页基本上是大面积文字编排，再配上少量插图和表格。这类图书逻辑性强，信息量大。

通过上述案例分析，我们知道了文字类书籍设计的一些特点，比如内容页的设计更加注重版式的安排，能合理利用有限空间，编排大量的文字和图表……但是这并不代表文字类书籍的内容页设计就必须密密麻麻地排满文字。文字类书籍的内容页同样可以呈现出符合视觉流程和视觉审美的版式设计效果。

如《开卷》（图 4-36）所展现的那样，这本有着 20 年历史的读书俱乐部会刊，从创刊至今就一直坚持自己一贯的内容设计风格，即合理利用版面空间，尽量展示文字内容，可以根据内容需要进行视觉上的版面梳理，保持留白空间，让读者在阅读时不必面对密密麻麻的整版文字，同时用彩色轻型纸缓解长时间阅读文字带来的视觉疲劳，给读者创造一个轻松的视觉环境。

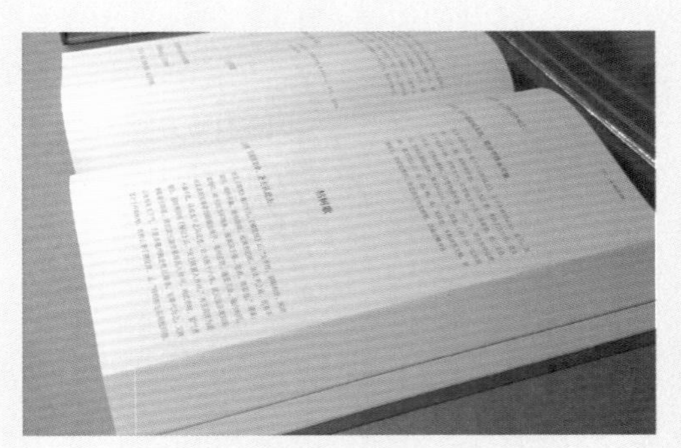

图 4-35 文字类书籍的内页设计也可以有节奏感

文字类书籍应该根据书中的内容来进行版面节奏的调整，如图 4-35，文字内容较多，但设计师把版面打造得十分富有节奏感，层次分明，视觉流程清晰。设计师充分利用了版式骨骼进行版面功能区域的划分，大胆地留出空白，让版面更加“透气”。空白处和有字的地方都各自发挥着不同的作用。

图 4-36 《开卷》期刊内页设计

四、概念类书籍设计

概念类书籍是最能调动设计师设计灵感、最能吸引读者眼球的一类书籍。就像服装 T 台秀一样，面对设计师大胆的设计，观众可能会在心里暗暗说："天哪！这怎么能穿得出去呢？"但它却已经实实在在地牵动了你的视觉神经，并已在你的心中掀起了波澜。可能一段时间以后，你会发现这些设计元素已悄悄地走进了你的生活。概念类书籍的设计也是一样，设计师不受一切客观因素的制约，大胆地在书籍形态表现上进行实验、探索，创造出崭新的设计概念，其中可能出现颠覆书籍设计概念的革命性的尝试。

设计是为人服务的，而概念书的设计恰好是找回自我、跳脱束缚的探索，这些极具独创性并且敢于创新和创造的"点子"会反哺未来的书籍设计，成为设计行业的新鲜血液，弥足珍贵。（图 4-37、图 4-38）

图 4-37 概念书 仅供阅览 外观效果

图 4-38 概念书 仅供阅览 手撕效果的封面每本都不一样

本章小结与思考

本章在前一章的基础上对书籍设计进行了更深入的讨论。如果说前一章是介绍书籍设计中各个必要组成部分的基本内容，给书籍设计任务搭建了骨架，那么这一章就是在介绍如何尽可能地将这些基本骨架进行优化升级，让书籍显得更加丰满。

从宏观设计的角度来看，书籍设计要考虑两个方面的内容：1. 书籍本身在三维空间中的表现状态。这涉及书籍内容、表现形式、材质选择等方面的思考。2. 书籍在被翻动与读者产生互动，设计时必须考虑阅读过程中读者的情绪和思想变化，有意图地引导读者走向设计师为其设定的情境，以便让书籍内容信息的传递更加全面而到位。这涉及空间转换、时间推移、心理变化等动态范围的思考。

我们不难发现，好的设计必定要经历一个周密的计划被完美实施的过程。由设计策划从宏观上安排出各部分任务，而在实施各部分任务的过程中再对细节进行补充和调整。设计过程本身是动态变化的，但设计方向在策划完成时就已经定下来了。

第五章

再闻书“香”

第一节 一纸千金

这里的“一纸千金”不是指作为承印物的纸张有多贵，而是提醒我们在选择承印物时要考虑周全，将“选纸”作为设计的重要一环进行考虑。对于书籍来说，任何一个部位都有可能会引起读者的注意，若能在其中注入一些个性因素将大大提升读者对它的兴趣。而读者摸到书本后所激发出的触觉感受将与之前得到的视觉感受一道形成读者对该书的第一印象：是一本普通的读物？是一本有质感的书？是一本精心策划的佳作？读者会在心中默默地给该书划分层次。读者的第一印象相当重要，这是设计师能够引导和掌控的部分，不能在这里丢分。

一、精选材料

今天，由于经济社会的进步，纸张作为书籍承印物的一种常规材料，有了多样化的发展，这为书籍印刷提供了巨大的选择空间，同时在材料特性的把握上也对设计师发起了新的挑战。纸张的选择需要设计师用心考量。

《存在主义咖啡馆》2017 年 12 月出版，作者莎拉·贝克韦尔（英），译者沈敏一。该书参加了 2018 年的第九届全国书籍设计艺术展，硬壳精装，护封采用灰色特种纸，纸张质地粗糙，吸墨性强，不宜印制精细的彩色图案，却适合单色图文印刷。剪影化的香烟、酒杯、咖啡，结合着纵横编排的不同大小的文字，让整个展示面看起来轻松自在，既有画面感，又给读者留下了足够的联想空间，非常切合主题。（图 5-1）

设计师在护封上用有趣的图形搭建出有趣的场景，吸引读者阅读书中有趣的故事，让读者在有趣的故事里认识有趣的人，进而了解有趣的思想，设计环环相扣，构思巧妙。书籍设计师与作者发挥着各自的作用。纸张的灰色基调呼应了书中幽默的态度，读者可以好好享受存在主义咖啡馆带来的美好时光，在品味酒香的同时研究书中所讲的哲学知识。

图 5-1 《存在主义咖啡馆》

图 5-2 皮壳精装书

图 5-2 中的这本精装书的选材十分讲究。异形书封采用带有绒布内衬的皮质材料，附以铜皮包裹书脚和带扣，向上延展的皮制封面被精心编制的皮绳束拢，可以向下包回，保护关合的书页切口。书页保留毛边状态，让人感受到浓浓的手工气息。

这样的书籍形态既有继承又有创新，带有探索性质，别致的材料，特殊的手感定能让人回味无穷。

作为书籍出版常用承印物的纸张种类繁多：凸版纸、新闻纸、胶版纸、铜版纸、白卡纸、宣纸、特种纸……此外还有一些特殊承印物可以用于书籍的印刷，比如纤维织物、皮革、金属、木材、塑料等，可以使书籍呈现出特殊的效果。设计师需要经过实践才能对这些承印物有一个直观的感受，所以建议初学者到材料市场上进行调研，对比各种承印物的印刷效果，挑选并记录下承印物特性，为今后的设计实践打下坚实的基础。以下我们简单介绍几种常见纸张。

凸版纸：主要用于凸版印刷的书籍，适用于科技图书、学术刊物、教材杂志的某些页面等；**新闻纸**：吸墨性强，适用于报刊、课本、连环画等；**胶版纸**：又名道林纸，抗水性强，对油墨吸收均匀，平整度好，多用于书籍封面、插图，画册等；**铜版纸**：包括哑粉纸，有涂布层，印制效果细腻，多用于画册、明信片、书籍封面等；**白卡纸**：压光处理过的厚白纸，多用于书籍封面、精装书的内页等；**宣纸**：中国传统纸张，吸墨性极强，质地柔软，用于印制复古字画，也可用作书籍中的插页形成质感对比。对纸品的调研是书籍设计课程中不可缺少的实践学习环节。在实践中建立起适合自己的认识材料的方法，并拟出一份常用材料清单，可以让设计工作变得更加高效。

图 5-3 《导演的控制》内封 铝箔包裹材料 2015

在书籍设计中承印物的选用是非常重要的一个环节，在常规纸张中加入一些不常用的材料可以给人带来意想不到的效果。铝箔有隔水、隔油、隔热、延展性好的优点，柔韧不易破损，生活中常被用作包装或装饰材料。缺点是容易起褶皱，恢复性不好，不耐磨。

《导演的控制》很大胆地采用铝箔作为最外层包裹材料。从印制角度来讲，在铝箔上印刷黑色文字没有太大难度，难以控制的是铝箔包裹书本后容易出现的褶皱。这是我在看到这本书时比较有疑问的地方。从功能性的角度来看，这明显不合常理，但恰恰是这种不合常理，让我们接收到了设计师发出的深层次信息。

图 5-4 《导演的控制》护封

打开铝箔包装，书本本身在设计上没有什么特别之处。外封、内封的文字和版式设计构成感较强；露脊装让书本更容易摊开，阅读更方便；内容编排简洁大方；单色图片效果，色彩半调处理等设计手法都让整本书充满了自己的格调。所以，如此有经验的设计师一定不会是无意中犯了低级错误，用铝箔做该书的包裹材料一定是有意而为之。

后来在“奇文云海设计顾问”的博客上看到了该书设计师对其设计的一些阐释，这才让我更加明白设计师的良苦用心。因为参与了书稿的策划、编写、整理工作，该书设计师对书籍内容的理解相当透彻。对于曹保平导演在工作中执着的艺术追求，对拍摄、演员选用等各个环节的“苛求”，反反复复地讨论、协调和沟通，被他们形象地描述为“拧巴”，一个自嘲又接地气的词，它深刻地反映出该书对导演“极度控制”的主题。设计师把这种抽象的心理感受同铝箔被反复弯折后变形起皱的物理状态联系起来，用一个直观的视觉和触觉感受来提示读者该书的一些情感表达。（图 5-3 至图 5-5）

设计师用铝箔包裹书籍的另一层意思就是“纸包不住火”，寓意该电影以及该书都能在市场上有不错的表现，红红火火。事实也是如此，《烈日灼心》上映后票房单周破亿，获得第 18 届上海国际电影节最佳男演员、最佳导演，第 31 届中国电影金鸡奖最佳男主角等奖项。这本关于电影方法论的《导演的控制》也在出版后受到广泛好评，入选第九届全国书籍设计艺术展。

通过这个案例我们发现，独特的材料也能起到画龙点睛的作用。特殊材质的承印物不仅能够给读者带来视觉或触觉上的新体验，更能成为传递书籍信息的新途径，运用得好就可以达到事半功倍的效果。

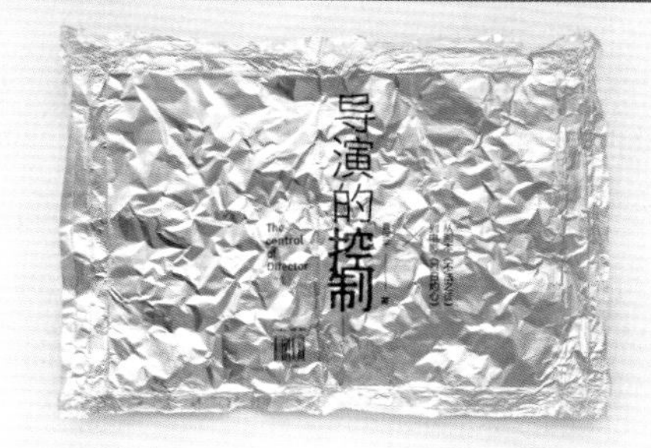

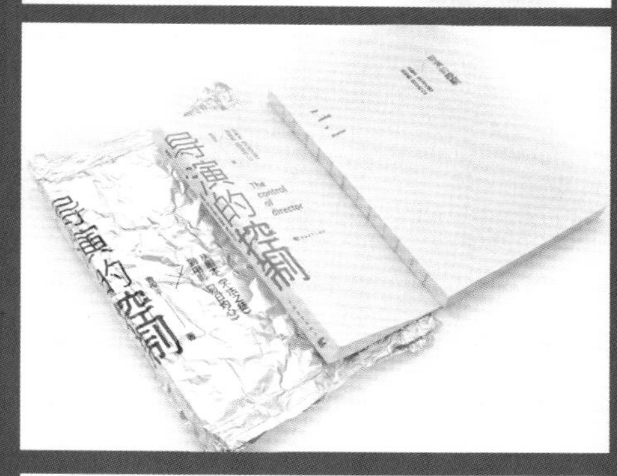

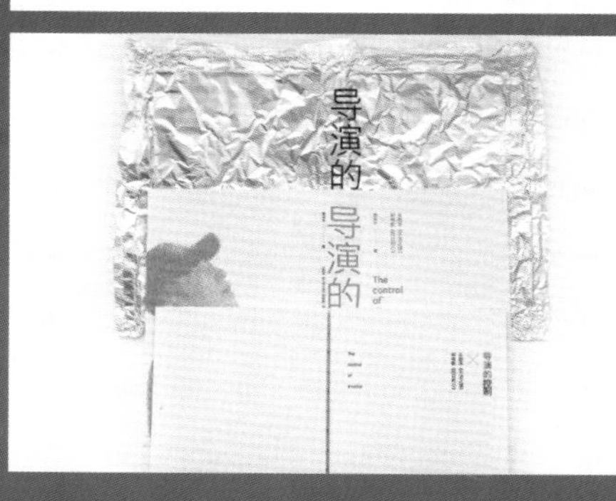

图 5-5 《导演的控制》封面的结构关系

图 5-7 《炫彩童年：中国百年童书精品图鉴》外封腰封完整效果

图 5-6 《炫彩童年：中国百年童书精品图鉴》

二、营造氛围

充满个性的纸张能对书籍内容的“直观化”呈现起到积极的推动作用。读者摸着独特的纸张质感、看着精美的印刷效果，听着沙沙的翻书声……将这些“情景样式”投射到内心深处留下观感。因此，优秀的书籍设计，不仅要能高效地呈现图文信息，还要能巧妙地利用材料带来差异化感受，营造出恰当的氛围，以便将更加贴合书籍内容的情感一并呈现给读者。经过深层次思考的书籍设计才能成为打动读者的优秀之作。纸张或者说各类承印物是设计师达到这一目的的重要工具。

想要借助纸张营造氛围，设计师就必须了解纸张的特性，发现不同纸张间的差异，利用差异形成对比，在对比中营造氛围。

不同纸张风格迥异：柔软如宣纸，坚挺如卡纸，朦胧如硫酸纸……有差异也意味着有个性，有个性便更能赋予其情感。对于设计师来说，关键点在于如何将这些富有个性和情感的纸张恰到好处地运用于书籍设计中，并以恰当的尺度，以架起读者与作者之间情感共鸣的桥梁。宁可意犹未尽，留下想象空间，也不能矫揉造作，

图 5-8 《炫彩童年：中国百年童书精品图鉴》激光卡护封

《炫彩童年：中国百年童书精品图鉴》（图 5-6），2017 年 11 月被评为 2017 年“中国最美的书”，参加了 2018 年第九届全国书籍设计展。其护封用纸成为一大亮点。随着读者观看角度的变化，激光银卡呈现出的彩色反光将“炫彩”二字体现得准确而直观。护封上的卡通化图文不仅因为专色印刷显得清晰而饱满，还让人顿生亲切之感。该书的读者定位清晰，当特定年龄段的读者看到特定卡通形象出现在梦幻般的背景中时，正好勾起他们对童年时光的美好回忆。从图 5-7、图 5-8 中可以看到这本书与其他书籍摆放在一起的展示效果，这些书籍都是第九届全国书籍设计展的参展作品，都能够营造出体现各自性格的“气场”。色彩、图文、纸张、造型都是营造书籍整体氛围的重要因素。

让人产生腻烦之感。所以，设计师应该清醒地认识到“优秀的选材和恰当的气氛营造”同“工艺和材料的堆砌”之间有一条不那么清晰的界限，这也是书籍设计较难掌握的平衡点。

不管是选材，还是营造氛围，都需要设计师具备扎实的专业技能，运用独特的视觉语言，避开重重障碍，为读者呈现一场瑰丽的视觉盛宴，以达到事半功倍的效果，从而体现出书籍设计的价值，这也体现出了设计师的价值。所以，纸张不是用得越贵越好，而是用得越巧越好。

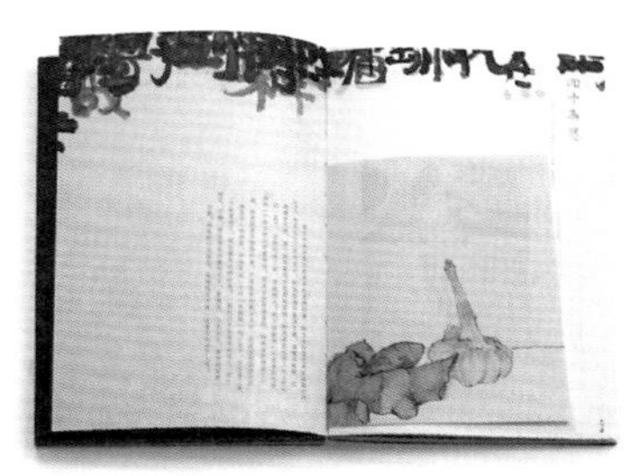

图 5-9 《学而不厌》封面及内页

《学而不厌》曾获得 2016 年“世界最美的书”铜奖。作者以一篇文章介绍一个艺术家的方式来引导读者思考学习的本质。书名本就借用论语中的典故让人感受到了儒家文化的气场，而设计师更是用中国传统的水墨元素和竖排文字，以富有节奏和韵律感的版面编排，将文字内容呈现于宣纸之上，并用从左往右翻的阅读方式强调其文化特征。手工裱糊的封面上压印出书名，古朴淡雅，封底上的书名被裱糊的宣纸遮挡得朦朦胧胧，很有意境。最外面用一块毛毡做成护封包裹，右下角印有刻着书名的印章。层层铺垫的传统元素和材料，结合现代制作工艺，将整本书的东方美推向了高潮。（图 5-9、图 5-10）

书展照片

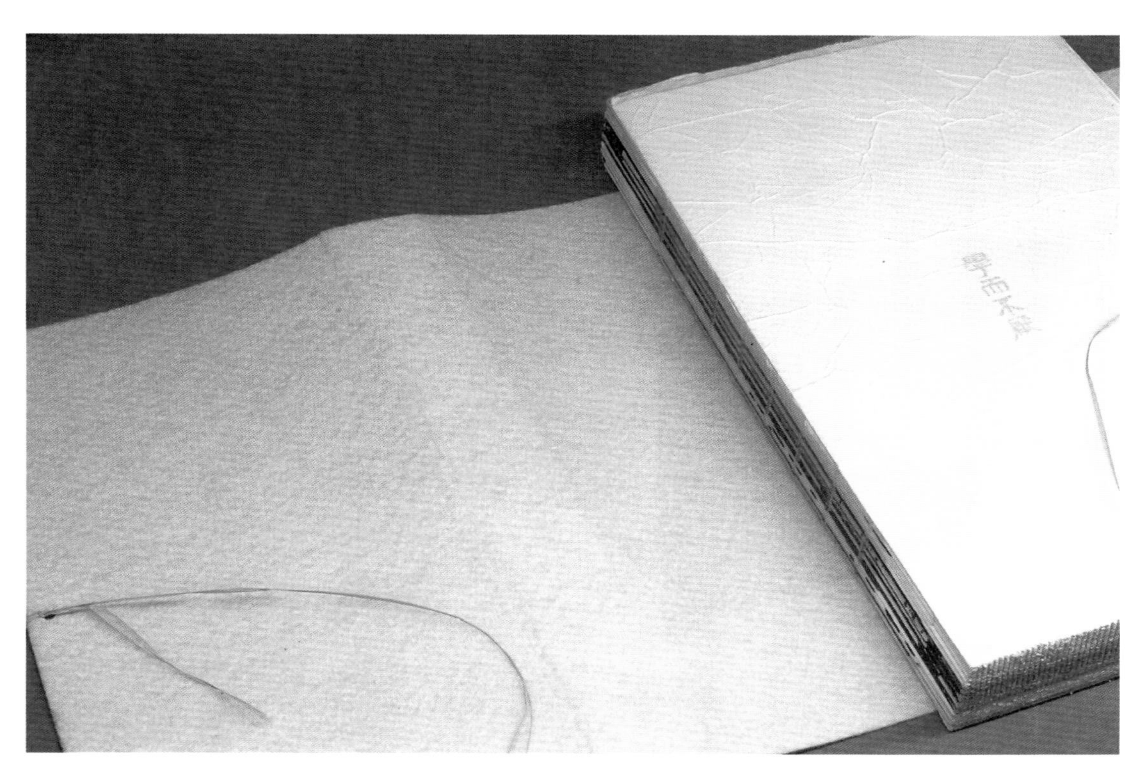

图 5-10 《学而不厌》典雅的封面材质

第二节 墨香悠悠

记得小时候，去书店挑选新书是件令我非常开心的事，油墨的香味总是让我产生马上翻开查阅的冲动。如今，随着承印物种类的增多和印刷工艺的改进，书页间少了些当初熟悉的味道，这让我有点儿失落。但每当看到印制精良、气质彰显的精美图书，我仿佛又闻到了悠悠的墨香。在传统纸质书籍受到数字出版严重冲击的今天，能够充分调动读者阅读兴趣的书籍能有更多的机会脱颖而出。印制精良是优秀书籍必备的物质条件，而气质彰显则是通过设计让书籍的内容和形式达到高度融。物质和精神两方面表现俱佳的书籍才称得上是用心之作。

一、印制精良

印刷行业整体技术的提升给书籍设计的发展创造了条件。近年来，一些重要的世界级书展和书籍设计比赛让人们看到了业界的丰硕成果，人们为设计者的巧思和成品的精妙拍手称快。印刷精美、制作精良的书本更加完美地体现了书籍设计的优良品质，优良的设计品质保证了书籍内容的良好呈现，内容优秀又能被良好地呈现出来的书籍更有机会获得读者的青睐，并带来积极的社会效应。它们环环相扣，任何一个环节出现短板都会直接影响书籍的整体品质。

《向着明亮那方》（图 5-11）封面图案充满了稚拙的童趣。本书版面文字较少，留白较多，所以更需注意版面节奏，让读者体会到童谣的语气和韵律，感受到字里行间的情感是设计师要考虑的重要内容。字距、行距、段落距、对齐方式、缩进量等细节都是语气和情感传递的重要途径。当然，精美的插图也会让情感的传递更加精准和富有趣味。比如图中精致的鸟笼状镂空，突破二维平面产生了强烈的空间感。透过镂空，读者可以看到下面的小鸟图案，引发更多联想。优秀的印刷工艺是支持设计师进行天马行空想象的基础。该书为硬面精装，一套三册，大斜角的异形封套也为其增添了不少设计感。

图 5-11 《向着明亮那方》封面及内页镂空

图 5-12 《中国风：剪花娘子库淑兰》

图 5-13 《LED 与室内照明设计》

众多印制精良的书籍在材料和技术的选用上各有千秋，《中国风：剪花娘子库淑兰》（图 5-12）内页选用较粗糙的特种纸，凸显民间剪纸的朴实风格，单面印刷，包背装订，册页对折，图文朝外，折缝在书口处，古朴而精致。

《LED 与室内照明设计》（图 5-13）封面采用细小的点状图案构成书名，体现了 LED 灯的点光源特点，在极具规律的阵列编排中存在着变化，细看能发现小点印得非常精致。形式与内容呼应，简洁到位。

图 5-14 采用单色印刷，印黑底，留白字，小的白色文字精度要求较高，而另一些页面更是在黑底上印字，仅靠微弱色差区分，挑战极大。

图 5-14 大面积单色印刷，黑底白字，纸边打毛

图 5-15 《尊生日历》

二、气质彰显

电子书、立体书、VR 书等新形态书籍在大大丰富读者阅读体验的同时，也激励着传统书籍设计与制作行业。印刷技术和设计水平的提高为书籍设计的个性塑造和气质彰显提供了更大的施展空间。人们对纸质书籍的要求越来越高，那些看起来“相貌普通”“风格平庸”的书籍，越来越提不起人们的兴趣，可能并不是它们的内容不够精彩，只是因为设计欠佳，让它们在读者眼里显得过于普通。在这个人们习惯了快速浏览和选择性阅读的时代，气质不凡的书籍才有充分的理由让读者驻足翻阅。

从视觉传达的角度来看，能够彰显气质的书籍是通过视觉形象给读者传达自身的品质和特点。书封（包括封面、封底、书脊等）必须抓住人的目光接触到它的短暂时机，用最简练的视觉语言进行有效的自我展示。利用视觉语言直观、直接的特点，在极短的时间内让读者在某个领域与设计者达成共识（如读者认同其色彩搭配、形状构成、文字设计、肌理表现、美感表达、意境塑造等），进而创造出与读者深入接触的机会。所以从这个方面来看，书籍设计也是书籍本身的名片和广告，并持续发挥着作用。

当书封成功引导读者翻看书页内容之后，书籍设计的其他部分也随即发挥作用，实现视觉服务上的无缝对接，把书籍的内容准确高效地呈现出来，不管是字体选择、字号设置、版面编排等细节内容，还是开本大小、装订方式、内页结构等框架性内容，通通都在为读者获得良好的阅读体验服务。这些围绕着书籍内容的视觉呈现所展开的过程必然会流露出该书的精神气质。设计师的很大一部分工作就是要审时度势地整理视觉通道，以便彰显书籍的独特气质。

《尊生日历》（图 5-15）以二十四节气为时间轴，融合了经络养生、民风民俗、古籍日常、生活宜忌、实用药膳等内容。在硬质封套上将经络图、时节等元素以精致的烫金方式描绘出构成感极强的平面图

图 5-16 《上巳雅集》2015

图 5-17 《韩再芬》

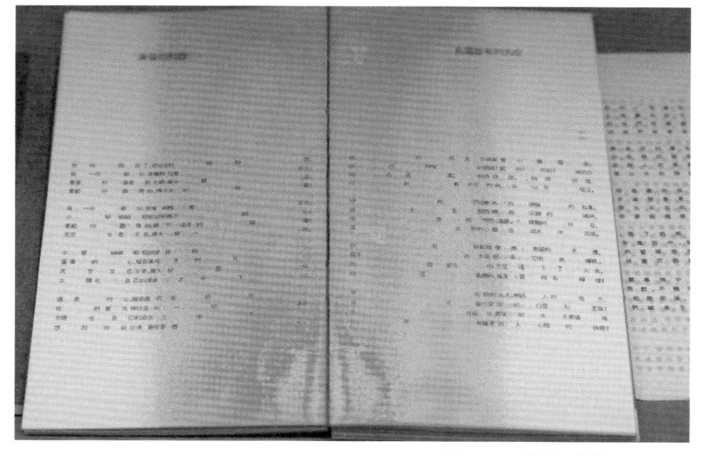

图 5-18 《韩再芬》内页细节

案，疏密有度，清新雅致，符合该台历的定位。内页中除了插画，还有与手机互联的动图，给用户提供清晰便利的生活指导，实用大方。

《上巳雅集》（图 5-16）和《韩再芬》（图 5-17、图 5-18）这两本书在视觉设计上非常用心。《上巳雅集》主要以展示书法作品为主，所以诗词的翻拍在版面中的占比较高，并且尽量还原书法细节，用大面积留白凸显其庄重典雅的气质。《韩再芬》这本书对细节设计十分考究，唱词像是在跟着曲调节奏韵律起伏，有舒缓变化，配合背景的色彩晕染丰富了视觉层次，有品位、有看点。

第三节 胶线生辉

就像装裱画作一样，富于技巧的装订工艺能为书籍设计增光添彩。一本书历经繁杂的工序和精心的筛选后终于迎来了成形的关键时刻。

在装订时，将书页按顺序集合成书帖，然后串联成书芯，再黏上环衬，裁齐书口，装上书封、护封……这个过程包含了诸多装订技巧，是设计师和印刷方精心策划的结果。合理的设计会使装订工作有条不紊地进行，反之则会造成麻烦而影响进度。熟悉各种装订工艺的设计师在设计时能合理地选择和使用装订方式，以便和印刷方进行无障碍沟通，确定所用的装订工艺、材料特性以及是否达到预期效果。

胶、线、钉是书籍装订的常用材料，围绕着这些材料，人们摸索出了许多装订方式。铁丝平订、骑马订、缝纫订、锁线订、无线胶订、锁线胶订、塑线烫订……虽然胶、线不是书籍装订的全部，却极具代表性，它们为书籍装订的发展做出了重要贡献。本节以胶、线为引，来深入探讨书籍的装订设计。

一、精巧得体

印好的书页经过装订成为一个整体，实现了从一堆材料向一个信息集合体的转变，这称得上是脱胎换骨的变化。一本装订优秀的书籍需要满足以下三个方面的要求。

第一，**功能性得到满足**。结构牢固，装订工整，便于阅读，适度防护，这些自然是最基本的必须要实现的要求。第二，**装订方式选择得体**。装订是否符合其风格定位，是否反映出文化内涵，是否能协调好视觉效果。这里注重的是对书籍设计效果的整体把握，关系到设计方向是否正确。第三，**装订工艺微妙精巧**。这是对一些细节的思考，从技术上探索提高的可能，琢磨能在装订上出彩的地方。这里更注重的是

图 5-19 《石台孝经》（左）

图 5-20 《轻描淡写》

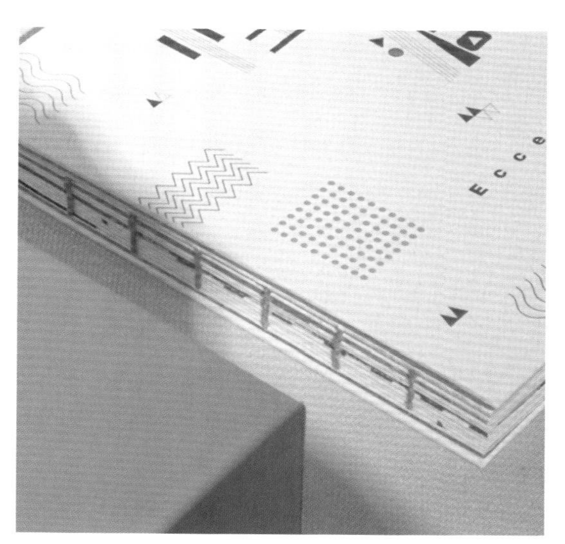

图 5-21 现代图文设计元素配合书脊上的红色线条构成感极强

线装是中国特有的书籍装订方式，许多现代书籍设计会借鉴它的样式或元素，以求给读者带来古朴的韵味。但在借鉴时要我们注意尺度，没有新意的纯粹模仿，只能给整体设计效果“减分”。所以我们要转换一下思路，与其追求形似，不如追求神似，我们只需把线装书的韵味表现出来即可。

图 5-19 中两本书是第九届全国书籍设计展上的作品，最左侧的这本《石台孝经》在设计上借鉴了线装书的材料和工艺，但在表现上却融入了更多现代设计元素，打孔和穿线的方法向传统的线装书靠近，但最后设计师在穿线的形态上有意进行了变化。而右侧这本书则直接把现代“锁线装”中串联书页的锁线效果外露出来，结合书页切口边缘的人工“打毛”效果，营造出一种素雅质朴的“手工感”，同样精巧别致。

图 5-21 这本书的设计风格独特，整体感较强，采用露脊的锁线硬面精装，封面设计使用了强烈的构成主义色彩，还带一点点怪诞的味道，版面设计上“骨骼”明显，偏于理性表达，色彩搭配得当，大面积白底衬托出了精致的图形元素，采用了红白蓝的经典色彩搭配。并且选用红色锁线，这样在“露脊”的情况下与环衬和封面的红色相呼应。从这一点上我们可以看出设计师是从整体出发，同时照顾到了这些细节的表达。整本书一气呵成，露脊处的锁线非常显眼。

《轻描淡写》（图 5-20）选用了白色锁线，并且在横跨书脊中间的部位裱糊上一块黄布用以展示书籍信息。跨过书脊的部分未涂抹胶水，仅将布的两边用胶水固定于封面、封底的纸板之下以保持活动状态，既方便翻看又美观实用。

从视觉效果上来说，这里露出来的“线”是一个用于“显”的元素，那么看不见的“胶”就是一个用于“藏”的手段。在这一点上我们细想一下，常规装订时，我们看不到胶，胶的作用就是遮住书籍一些不规则的内部结构，从而达到美化和牢固的目的。但设计师反其道而行之，将内部结构也作为设计的一部分进行展示，这里的“显”和“藏”就都变成了设计的手段，设计的精妙之处由此诞生。

技术上的精益求精，以小见大，提升设计品质。从本节的案例分析中可以发现装订对书籍设计品质的提升有重要帮助。

在对书籍设计整体效果的把控上，设计师有主导权。这是设计师对书籍内容进行全面消化后做出的综合判断。而对这一判断的执行却需要设计师与印刷方密切合作才能完成。材料、工艺、成本各种现实问题得到落实后，计划才能付诸实施。如果受到某些客观条件的限制，我们可以选择其他方式代替，如果是方法问题造成工艺不能实施，设计师也有责任同印刷方一起找出解决方案，最终达到设计要求。所以“设计”和“工艺”两者相辅相成，带有一定的研究性和探索性，它们推动着书籍设计的健康发展。

图 5-22 创新的书装形式能更好地满足内容展示需求

图 5-22 的装订方式很独特，为了更好地展示内页大篇幅的插图，主体采用经折装的形式，较硬的折页连接处用线加固，折页上还有鳞次黏接的页面。我们在旋风装上也可以看到这种黏接方式，但这本书又没有采用卷轴形式，给人带来一种它是几种装订方式的集合体的错觉，我们可以将它看作是结合了中国传统装订方式的创新结构。

装订方式不是越精巧复杂越好，精巧的装订方式能让书籍有更多看点，但不能忘了“形式为内容服务”这一设计原则。因为这本书有较多篇幅的画作需要展示，所以采用这种带有古典韵味的复合型装订方式，让整本书显得构思巧妙、气质独特，既有观赏价值又有收藏价值。这样精巧的装订方式能满足该书的内容展示要求，但它并不一定也适用于其他书籍，所以从设计角度来看，合适的才是最好的。

二、匠心独具

在书籍设计中设计师往往使尽浑身解数让读者得到更好的阅读体验。而在装订方式上的创新探索，可以有效增强阅读的形式感，让读者接收书籍内容信息的同时感受设计师为其精心准备的感官体验。这实际上是设计师与读者的对话。诚意满满的作品是设计师带给读者的最好的礼物。

匠心独具的装订未必就运用了高超的技术和工艺，可能一个好的创意就能让阅读体验上升到新的高度。书籍装订是可以充分展现想象力的环节，设计师有必要在其中赋予书籍各种情感，如幽默、调侃、怀念……这些情感因素一旦被点燃，读者的阅读兴趣将大大提高。当然，受阅读目的、文化背景、阅读状态等因素影响，读者的兴趣点也不尽相同。设计师需要根据读者定位来寻找更容易引发情感共鸣的设计形式，这十分考验设计师的判断能力和设计能力。那些看似灵光闪现的绝妙创意背后，都藏着设计师潜心钻研的工匠精神。这样的设计才会让人感受到强烈的人文关怀，因为它来源于设计师对社会的观察和对生活的感悟。

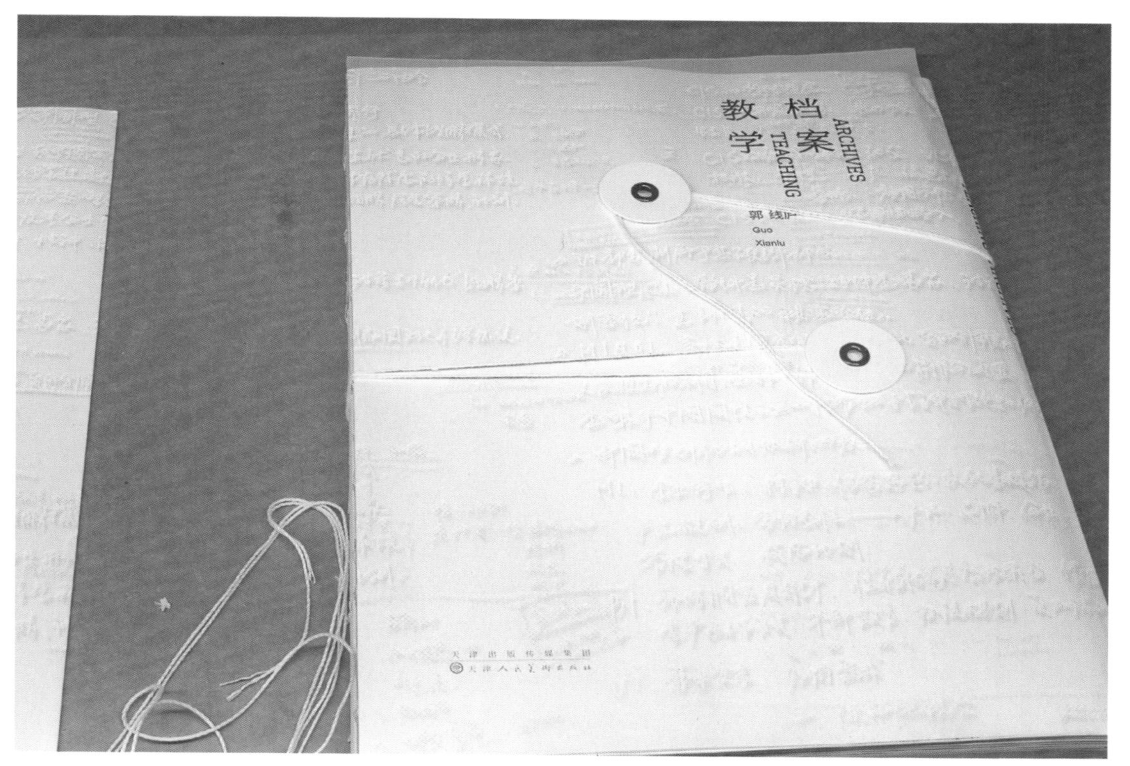

图 5-23 《教学档案》

《教学档案》（图 5-23）获得 2017“中国最美的书”称号，全书分为三个部分，每部分装订得相对独立。该书主要讲述了郭线庐老师多年来的艺术历程和设计观念的变迁，其中一部分收录了学生作品，展现其教学探索和设计研究的阶段性成果。最让读者印象深刻的是这本书在设计上融入了档案袋的形式，直观地反映出该书的主题，十分具有带入感，形式和内容都能打动读者。

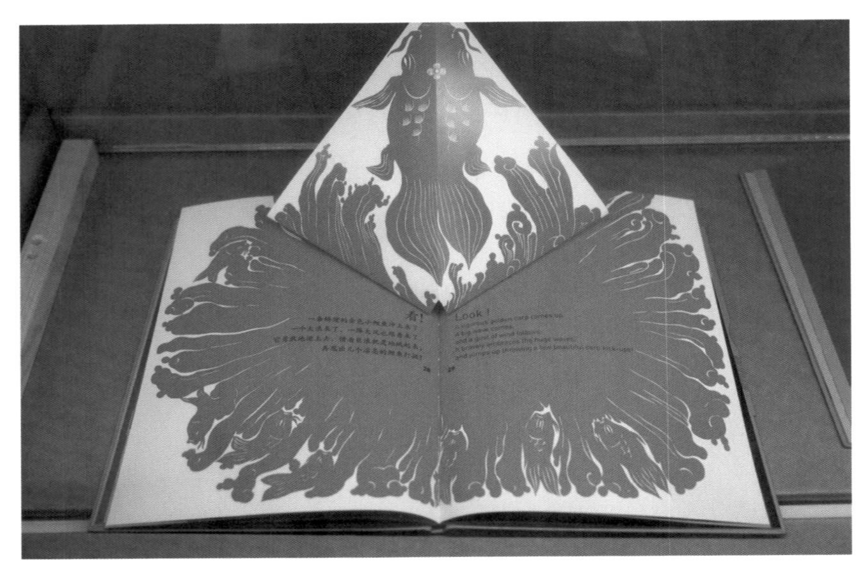

图 5-24 内页中的立体结构在有限的篇幅里开拓出了层次更加丰富的内容展示空间

图 5-24 中这本书的页数不多，装订方式很有特色，采用硬壳精装。打开之后读者会发现书中另有乾坤，立体页面将左右页的图案有机地连接起来，以立体状态呈现书中的插图。大红色的图案和中轴对称的排列形式让该书充满了中国传统审美意味。中英文左右对照的文字信息以及页码的编排位置都在向我们表明该书绝不仅仅是一本展现传统审美的书籍，它既有传统元素又有现代设计，在“平凡”中蕴藏着跃然纸上的“热情”和“自信”，这种装订形式和“一松一紧”的版式设计思路值得我们认真思考和学习。

《中国故事》（图 5-25）是一位语文老师花了十年时间收集的中国传统童话故事精选。在西方童话故事充斥中国图书市场的今天，作者的这份坚持和寻找真是弥足珍贵。该书在设计上也颇下功夫，护封展开是一张充满浓浓中国风的大海报，正面是《蛤蟆孩儿》中的人物，反面来自故事《一苇渡江》。画风粗犷质朴，能够让人嗅到中国民间文化的气息。书籍本身采用硬壳精装，便于保护书页。为了让读者在阅读时不串行，内文设计为上下两栏，充分考虑了孩子的阅读需要。

在装订方式上，设计师只让其中一点十分出彩就为本书带来了足够的看点，博得了更多的眼球，不需要在其他方面投入大量的精力。该书护封所采用的设计形式，既能够提升该书的设计品质，又不给装订工艺增加过多麻烦，这是十分聪明的做法。

图 5-25 《中国故事》

《中国故事》

本章小结与思考

本章的三个小节“一纸千金”“墨香悠悠”“胶线生辉”实际上是从承印物、印刷工艺、装订形式这三个方面讨论了在学习书籍设计时学生要具备的设计思维和专业素养，同时分析了近几年“中国最美的书”和“世界最美的书”评选中的部分优秀作品，详细阐述了这些作品的看点和热点。在“高价值”参考案例中寻找可以学习和借鉴的设计思路，能让学生轻松学习书籍设计，以达到事半功倍的效果。在这里，我们反对照搬优秀作品的设计方案，但剖析其设计思路，总结设计方法，可以让学生快速提升专业素养。

一本书能否在市场上获得成功涉及多方面原因，其中最主要的影响因素是书籍内容和书籍设计两方面，两者相互依存。设计师要时刻牢记“形式为内容服务”这一设计原则，优秀的内容配以优秀的设计，书籍才能焕发出荣光。

第六章

倾注书“魂”

132

图 6-1 《中国木版年画集成 拾零卷》书脊细节

图 6-2 《梅兰芳全传》

一本好书呈现在读者面前是多方因素共同努力的结果，除了要有好的策划、好的内容、好的工艺和好的推广以外，还得有好的设计（图6-1、图6-2）。我们需要从多个角度进行思考，才可能对于书籍设计有一个更加全面的认识。前面我们正面而系统地讲述了书籍设计师应该具备的专业知识、应该付出的努力和应该坚守的原则。本章我们将对书籍设计的学习进行思考，现总结出了以下五个难点。

一“难”在于书籍设计要反映出主题，让形式与内容统一，这就要求设计师反复研究内容；

二“难”在于书籍设计要留心于细节，让有意味的形式延伸到书籍的各个环节，经得起推敲；

三“难”在于书籍设计要有鲜明的风格，让书籍在同类作品中崭露头角，经得起比较；

四“难”在于书籍设计要抓得住读者，让读者一眼就看上，一翻就爱上，注重读者的阅读体验；

五“难”在于书籍设计要跟得上时代，各种书籍的风格可以凸显差异，但须体现出时代特征。

这些“难”也是时代对书籍设计提出的高品质要求。它们突破了对书籍设计技术层面的讨论，从战略的高度引导设计师思考如何做出符合时代需求的书：让书籍有血有肉，让读者爱不释手，让作者倍感骄傲，让出版方获利颇丰，让社会广泛关注……当然要面面俱到很难，即使设计师有追求完美的意愿，仍必须正视各种客观因素的限制。成熟的设计师需要具备把握尺度和分寸的能力，这是设计师综合能力的表现。当设计师能够在这“五难”中找到最佳平衡点，书籍的最佳形态才会展现在我们面前。由此可见，书籍设计的确不是一件容易的事。

成熟的书籍设计能呈现出收放自如、进退自若的状态。对于内容精彩且需要视觉表现的部分，设计师应投入大量的设计精力，而对于次要内容设计精力的投入则需策略性地压缩，让整本书的内容和设计表现在规模、预算等客观控制因素允许的范围内呈现出跌宕起伏、松紧交错的节奏感。(图6-3)

如果在设计上用力平均，不但达不到很好的设计效果，还会让人感觉匠气十足且软弱无力，缺乏设计对比就意味着缺少视觉刺激。学会用“设计”促使读者进入作者与设计师共同设置的双重体验中才是书籍设计要达到的理想状态。这里所说的双重体验是指读者对图文信息的接收体验和对设计形式的感知体验，二者有机结合，共同构成了读者体验的主要部分。

富有设计感的书籍让读者成为高品质阅读体验的“精神贵族”。对于进入买方市场的书籍出版业来说，读者体验是评价书籍设计优劣的重要依据，影响着书籍的销售。良好的书籍设计已经成为助推传统书籍发展转型的催化剂。富有设计感的书籍不一定要有华丽的装饰，也不是工艺堆砌出来的，而是设计师综合各种条件，运用合适的设计手段设计出来的，这本身也体现出设计的价值。

图6-3 《中国大史记·传世邮币珍藏》

在设计逐步受到重视的今天，传统的纸质书籍也日趋品质化，不管从设计质量还是从材料选择上来讲，书籍的品质都较以往更高。这是时代发展对书籍设计提出的要求，合理的材料表现会让书籍主题的表达更具感染力，即使是普通的平装书也很少出现设计随随便便、用材马马虎虎的情况。大众消费需求的升级、审美意识的提高、阅读环境的提升都让简陋的书籍设计无容身之处。

这里要说明的是“简陋的设计”不是“简洁的设计”。一字之差却存在天壤之别。简洁代表一种风格，是设计理念的表达。设计师从设计对象的内在结构中寻找设计表达的形式时，用简洁的设计语言和精炼的设计元素，为读者呈现出合理而简约的视觉感受，引导读者在科学而精彩的设计表现中获取信息，一气呵成而又理所当然。这如同经验十足的老演员，戏份不多却处处是戏，台词不多但句句到位。

简洁的书籍设计就是要丢掉多余的不必要的设计元素，这就要求设计师要对整体设计风格进行牢牢地把控，对书籍内容进行深刻地理解。我们还必须认识到，简洁虽被这个时代的人们所认同，但并不是唯一的。社会需求多元而富有层次，用何种风格来表达主题要根据内容和需求进行综合判定。不管采用哪种设计风格，优秀的书籍设计能够抓住读者的关键在于对书籍“精气神”的展现。（图 6-4）

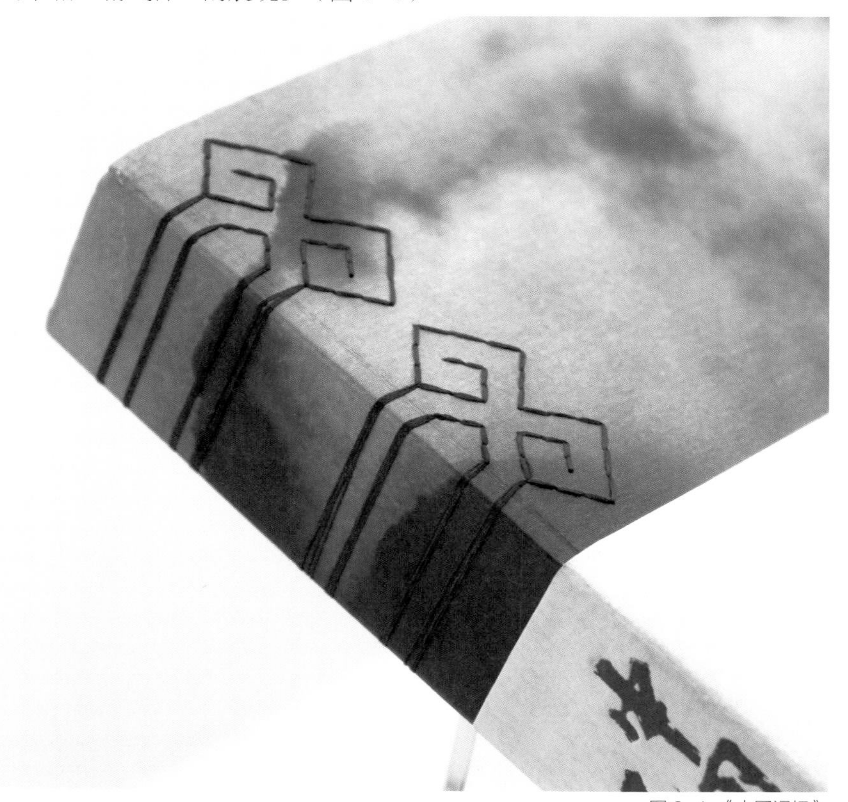

图 6-4 《中国记忆》

欽定四庫全書
茶典
同二三人共飲，
得半日之閑，
可抵十年的塵夢。
周作人
有好茶喝，
會喝好茶，
是一種“清福”。
魯迅
茶心淡淡，
茶心久長，
茶心彌漫，
茶心終身相伴。
王蒙
凡是有中國人的
地方就有茶。
梁實秋
《四庫全書》茶書八種
愛茶人的聖經

图 6-5 《茶典》封面

书籍设计通过高效的视觉语言来实现优化信息传播的目的，让文字内容中的抽象概念转化成具象而直观的可视状态，并且辅以感官上的刺激，让书籍成为一个立体而丰富的信息集合体。当这些呈现在人们面前的书籍可以顺畅而高效地与读者产生思想碰撞时，它们就拥有了生命，而只有当这些生命被注入精神气质、风格品位、社会责任等这类富有深度的人性化内容之后，它才拥有了灵魂（图 6-5 至图 6-8）。这是对书籍设计的更高要求，具体总结如下。

要求一：书籍设计有精神

优秀的书籍设计记录了时代音符，体现出时代精神。书籍作为传播人类知识和文化的载体，它能够突破时间和空间的限制，实现不同时代、不同地域的知识和文化的传播，自然要体现出那个时代的文化气质和地域风貌。每个时代都有自己的精神，它受政治经济、社会文化、社会生产力等因素的综合影响，反映出时代发展的方向和追求。合格的书籍设计者会在设计中自然流露出对时代精神的表达，这也是对各设计要素综合判定后的合理选择。事实上，从流传下来的各种古籍善本上反映出的情况也是如此。特有的时代造就出特有的设计，这还受当时的技术和工艺的制约，为此这些设计被打下了时代的烙印。

要求二：书籍设计有品位

书籍设计品质的好坏直接影响着书籍的档次，因为它直接作用于读者，处理不当会形成瓶颈效应，之前的大量工作（如作者的辛勤写作，出版方的倾力策划，编辑的协调周全等）将不能有效地作用于读者，所以书籍设计是书籍出版过程中的重要一环，更是体现书籍品质的重要方面。

高品质的书籍设计会展现出独特的风格，这个风格受到主观和客观两方面因素的影响。从设计元素的提取、风格倾向的选择、设计形式的表达等方面可以反映出书籍设计者自身的设计风格，这是主观方面的影响因素。同时，设计师需要根据书籍的内容、定位、定价等客观因素进行最优化的资源配置，用专业的眼光，选择最适合的开本、纸张、工艺及装订形式等。主客观两方面的共同作用，可以促成书籍设计品质的飞跃，使之从有品质、有风格的设计上升为有品位的设计。

图 6-6 《茶典》封底细节

品位高低因评判标准的不同而变化。在文化多元化的今天，虽然评判标准已经不是唯一的，但书籍的顺利出版发行还必须达到主流文化的认同标准。试验性质和探索性质的内容可以有，但不能越界。聪明的设计师既能够把握主流认可的方向，也能以开拓创新的方式让书籍设计更具亮点，从而赢得机会。这一切的努力都是为了更好地提升读者的阅读体验，提升和体现书籍本身的价值。不可以为了迎合某些特定需要而降低书籍设计的品位。

要求三：书籍设计有使命

书籍设计的使命由小到大分为三个层次：行业使命、时代使命、文化使命。对于行业而言，书籍设计要有创新意识。负责任的设计师会自觉地推动书籍设计的有序发展。从技术角度来讲，设计探索会带动技术创新和材料创新。纵观书籍发展的历史，不正是因为一个个新要求的提出和新问题的解决，而促成了书籍形态的变化吗？所以更高的技术需求是行业发展的内在动力。书籍设计者要合理利用这一点，刺激并协助它往更高更好的方向发展。

对于时代而言，书籍设计要表现出责任感。在人类文明的每一个阶段，书籍都是传播知识和信息的重要载体，人们对它怀有特殊感情。“崇尚经典”中的“典”正是时代精神和价值观的体现。虽然不是每一部著作都能成为经典，但著书立说就要作者来担相应的责任，要有担当，需要有更高的理想和追求。优秀的书籍设计能够促使更多把握时代脉搏、顺应时代发展的经典之作的诞生。

对于文化而言，书籍设计要明确观点。继承传统文化，传播先进文化，宣扬主流文化是书籍设计在操作层面上要时刻遵守的标准。虽然设计必须围绕内容展开，看似缺乏主动性，实则在元素提炼、图片选择、表现形式上可以有主观倾向。这也是为什么同一本书由不同的人来设计会有不同的方案。设计师心中的那把标尺就是观点表达的依据。经典之作的设计师都会站在文化和时代的高度来考虑设计表现，这不仅是设计师的使命，也是书籍设计的使命。

图 6-7 《茶典》扉页环衬

《茶典》

欽定四庫全書 續茶經 卷下之一

雪庵清史余性好清苦獨與茶宜幸近茶鄉恣我飲啜乃友人不辨三火三沸法余每過飲非失過老則失太嫩致令甘香之味蕩然無存蓋誤於李南金之說耳如羅玉露之論乃為得火候也友曰吾性惟好讀書玩佳山水作佛事或醉花前不受水厄故不精於火候昔人有言釋滯消壅一日之利暫佳瘠氣耗精終身之害斯大獲益則歸功茶力貽害則不謂茶災甘受俗名緣此之故噫茶冤甚矣不聞秃翁之言釋滯消壅清苦之益

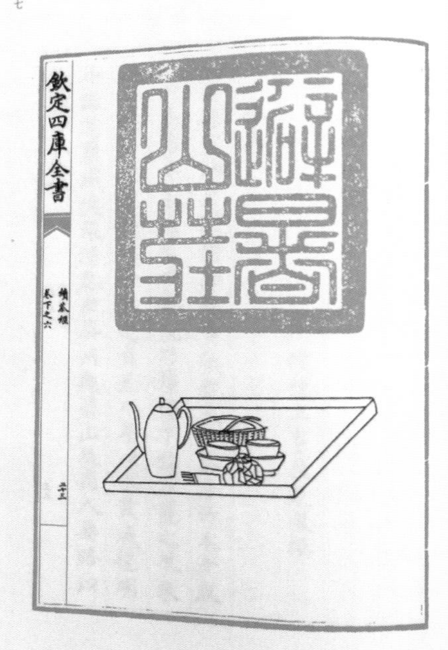

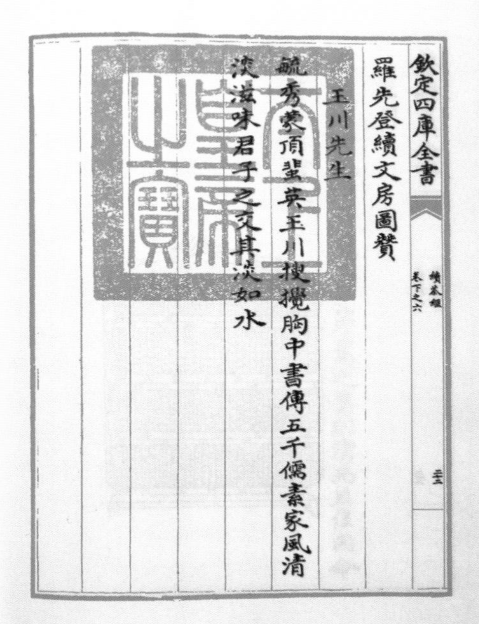
欽定四庫全書 續茶經 卷下之六

羅先登續文房圖贊

玉川先生

毓秀蒙頂蜚英玉川搜攪胸中書傳五千儒素家風清淡滋味君子之交其淡如水

图 6-8 《茶典》内页

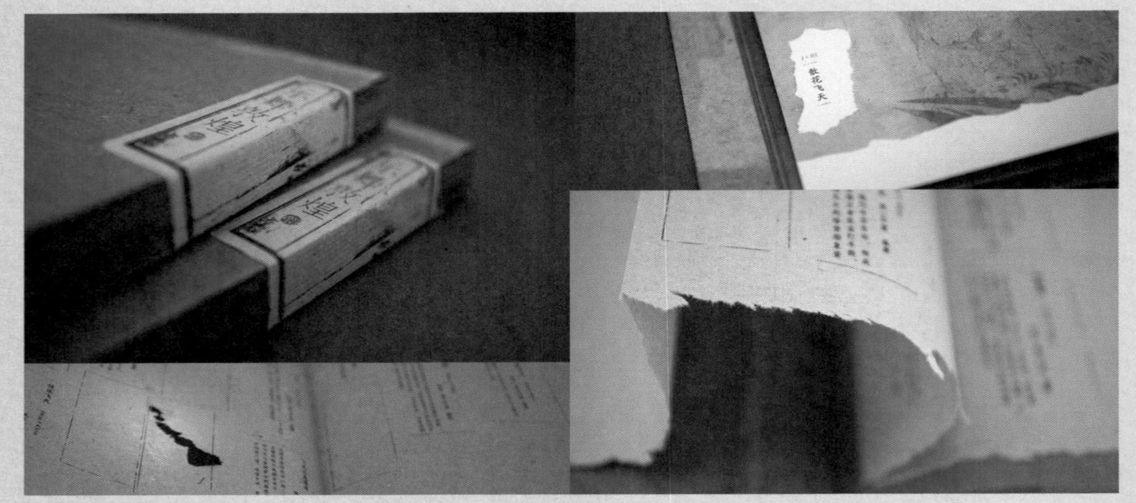

图 6-9 《乐舞敦煌》局部细节

图 6-10 《乐舞敦煌》封面

图 6-11《乐舞敦煌》书脊

图 6-12 《乐舞敦煌》内页 壁画局部临摹展示

《乐舞敦煌》

2014 年由江西美术出版社出版的《乐舞敦煌》（图 6-9 至图 6-12），获得 2014 年“中国最美的书”称号。它是敦煌舞蹈声乐部分的壁画临摹本。该书追求保留历史的沧桑感，所以每本书都是手工制作，封面采用定制的毛边纸拼贴裱糊，书中许多地方的残缺效果都是特意设计的，以呈现出质朴与华丽的视觉对比，让读者能够从内容和形式上领略到中华艺术宝库的极致魅力。

整本书本身就是一件艺术品，在艺术品上呈现艺术品，这是不同时代间的对话，也是今人向先辈的致敬。该书用质朴而庄重的设计元素编织出肃穆典雅的视觉语言，在交相辉映的古今表现手法中唱响赞歌。这是对我们优秀民族文化和时代精神的继承和弘扬。

从设计风格来说，这本书既不照搬传统也不跟随现代设计风，而是在两者间寻找到了一个平衡点，并最大化地发挥出两者的优势，为主题服务。

参考文献

1. 吕敬人．书籍设计基础［M］．北京：高等教育出版社，2012.
2. 赵健．范式革命：中国现代书籍设计的发端（1862—1937）［M］．北京：人民美术出版社，2011.
3. 王绍强．书形：138 种创意书籍和印刷纸品设计［M］．江洁，译．北京：中国青年出版社，2012.
4. 王绍强．型格：书与宣传册［M］．成都：四川美术出版社，2010.
5. 藤井敬子．自己装订手工书［M］．曹茹苹，译．中国台北：枫书坊文化出版社，2009.
6. 吕敬人．书艺问道［M］．北京：中国青年出版社，2006.
7. 余雁，于讴．书籍设计（第三版）［M］．北京：高等教育出版社，2015.
8. 钱为群，靳晓晓．书籍装帧［M］．上海：上海交通大学出版社，2011.
9. 雷俊霞，沈丽平．书籍设计与印刷工艺实训教程［M］．北京：人民邮电出版社，2012.
10. 张道一．美哉汉字［M］．上海：上海锦绣文章出版社，2012.
11. 曹刚，陈太庆，王亚君，王娟．书籍设计［M］．北京：中国青年出版社，2012.
12. Graphic 社编辑部．装订道场：28 位设计师的《我是猫》［M］．何金凤，译．上海：上海人民美术出版社，2014.
13. 杉浦康平．文字的力与美［M］．庄伯和，译．北京：北京联合出版公司，2014.
14. 臼田捷治．旋：杉浦康平的设计世界［M］．吕立人，吕敬人，译．北京：生活·读书·新知三联书店，2013.
15. 胡守文，吕敬人，万捷．书籍设计第 13 辑［M］．北京：中国青年出版社，2014.
16. 中国版协装帧艺术工作委员会．书镜：第七届全国书籍设计艺术展优秀作品选［M］．北京：中国书籍出版社，2009.

后记

本书的写作提纲和写作风格得到了我的研究生导师杨仁敏教授的悉心指导，十分感谢！另外，西南师范大学出版社王正端老师也在写作期间用严谨和足够包容的态度，让我对本书的写作细节有了更充分的思考和调整。两位老师的博学、谦逊以及敬业精神是我今后成长学习的方向。

同时，也感谢一直以来默默帮助与支持我的家人、朋友和学生。书中引用了大量作品，来源广泛，由于写作时间紧迫，未能一一与作者联系，还请见谅。书中的不足之处也恳请各位读者批评指正。

卢上尉于成都

图书在版编目（CIP）数据

书籍设计 / 卢上尉，曾珊著. — 重庆 : 西南师范大学出版社，2020.7
（设计新动力丛书）
ISBN 978-7-5697-0120-3

Ⅰ. ①书… Ⅱ. ①卢… ②曾… Ⅲ. ①书籍装帧－设计 Ⅳ. ①TS881

中国版本图书馆CIP数据核字(2020)第102940号

“十三五”普通高等教育规划教材
设计新动力丛书
主编：杨仁敏

书籍设计
SHUJI SHEJI
卢上尉 曾珊 著

责任编辑：鲁妍妍
封面设计：汪 泓
版式设计：卢上尉 曾珊
出版发行：西南师范大学出版社
地 址：重庆市北碚区天生路2号
邮 编：400715
本社网址：http://www.xscbs.com
网上书店：http://www.xnsfdxcbs.tmall.com
电 话：（023）68860895
传 真：（023）68208984
经 销：新华书店
排 版：黄金红
印 刷：重庆康豪彩印有限公司
幅面尺寸：170mm × 247mm
印 张：9
字 数：220千字
版 次：2020年8月 第1版
印 次：2020年8月 第1次印刷
书 号：ISBN 978-7-5697-0120-3
定 价：59.00元

本书如有印装质量问题，请与我社读者服务部联系更换。
读者服务部电话：（023）68252507
市场营销部电话：（023）68868624 68253705

西南师范大学出版社美术分社，出版教材及学术著作等。
美术分社电话：（023）68254657 68254107